北京交通大学哲学社会科学文库
北京交通大学"高铁经济学"专题系列丛书

中国高铁列车及动车组创新与发展研究

肖 翔 著

北京交通大学出版社
·北京·

内容简介

本书梳理总结了国内外高铁列车及动车组的创新与发展历程，对中国中车新型可变编组及工业化平台的创新特点及优势进行了分析和总结，提出了我国高铁列车及动车组的发展路径是“引进、吸收、自主创新”。我国高铁列车及动车组完成了“集成创新”向“原始创新”的嬗变，是政府、企业、大学及研究院所协同创新的政产研发展模式，并进行了定量实证分析和验证。

图书在版编目（CIP）数据

中国高铁列车及动车组创新与发展研究/肖翔著．—北京：北京交通大学出版社，2020.12

ISBN 978-7-5121-4360-9

Ⅰ.①中…　Ⅱ.①肖…　Ⅲ.①高速动车-研究-中国　Ⅳ.①U266

中国版本图书馆CIP数据核字(2020)第227954号

中国高铁列车及动车组创新与发展研究
ZHONGGUO GAOTIE LIECHE JI DONGCHEZU CHUANGXIN YU FAZHAN YANJIU

责任编辑：黎　丹
出版发行：北京交通大学出版社　　电话：010-51686414　http://www.bjtup.com.cn
地　　址：北京市海淀区高梁桥斜街44号　邮编：100044
印 刷 者：艺堂印刷（天津）有限公司
经　　销：全国新华书店
开　　本：170 mm×240 mm　印张：11.25　字数：233千字
版 印 次：2020年12月第1版　2020年12月第1次印刷
印　　数：1～1 000册　定价：59.00元

本书如有质量问题，请向北京交通大学出版社质监组反映。对您的意见和批评，我们表示欢迎和感谢。
投诉电话：010-51686043，51686008；传真：010-62225406；E-mail：press@bjtu.edu.cn。

序　言

党的十九大报告指出，我国经济已由高速增长阶段进入到平稳发展阶段，要继续深化供给侧结构性改革，加快经济转型升级步伐。习近平总书记曾做出着力推动“三个转变”的重要指示，即“推动中国制造向中国创造转变，中国速度向中国质量转变，中国产品向中国品牌转变”。作为中国高端制造业的黄金名片，中国高速铁路积极响应国家号召，在坚持自主创新过程中不断提速升级，不断淡化时空边界，不断提升国际影响力，不断提交亮眼答卷。

2017 年 9 月，由中国中车研发的中国标准动车组“复兴号”以350 km/h的速度在京沪高铁上成功运行，使我国荣膺世界高速铁路商业运营速度最快的国家，向世界彰显了我国高端装备制造业的尖端技术实力。具有完全自主知识产权的“复兴号”中国标准动车组，是采用“中国标准”的创新硕果，是中国铁路成套技术装备走在世界先进前列的标志，是我国高速铁路创新发展史的一座丰碑。2017 年底，石济高铁通车运营，我国“四纵四横”高铁网络完美收官。截至 2019 年底，中国铁路营业里程达 13.9 万 km，其中高速铁路运营里程达到 3.5 万 km，超过全球高速铁路总里程的 2/3，稳居世界第一。根据《铁路“十三五”发展规划》，2020 年我国高速铁路将覆盖 80%以上的大城市，2030 年末将形成覆盖中西部地区的“八纵八横”高速铁路新格局。

中国高速铁路还积极助推“一带一路”倡议支撑平台的建设，借助中欧班列促使沿线贸易实现互连互通。同时，中国高速铁路凭借过硬的技术实力和不断积累的建设经验，陆续承接雅万高铁、中老铁路、亚吉铁路和匈塞铁路等海外项目，输出中国技术和中国标准，使高速铁路创新发展的红利辐射更多国家，持续给沿线各国创造运输便利及发展机遇，实现互利共赢。

与此同时，我国高速铁路面临的激烈的国际竞争也不容忽视。很多发达国家的高速铁路建设起步早、积累多，是我国高速铁路在世界领域的主要竞争对手。例如，美国提出了建设时速高达 1 200 km 的“超回路胶囊列车”，德国西门子推出了近年研发的可变编组动车组 ICE4。

虽然我国高速铁路现阶段在规模和技术上已居于世界领先地位，但应正视当前的斐然成绩。面对激烈的竞争局势，我国高速铁路要想保持现有优势持续领跑，必须要依靠持续自主创新。同时，在政府支持下，仍需继续加强“政产研”协同创新，积极助推供给侧结构改革的深化。

值得注意的是，传统的固定编组方式是阻碍国内外既有动车组实现技术突破的重要桎梏。在固定编组方式下，列车难以灵活应对客流起伏，且检修、运营均存在诸多不便，更不符合新时代下深化供给侧改革“提质、降本、增效”的要求。另外，习近平同志在党的十九大报告中指出：“中国特色社会主义进入新时代，我国社会主要矛盾已经转化为人民日益增长的美好生活需要和不平衡不充分的发展之间的矛盾。”我国社会主要矛盾的变化意味着乘客对舒适度、可靠性和及时性等方面的诉求也在提高，这也要求高铁列车及动车组应在实现技术创新的同时，积极满足乘客需求。

在中国标准动车组“复兴号”的研发基础上，中国中车坚持自主创新，已成功研发出具有完全自主知识产权的新型可变编组动车组及其工业化平台，实现世界高铁列车发展史上零的突破。新型可变编组动车组采用创新设计的牵引动力单元，在动力头车及双层车体设计等方面均实现了创新突破，其网络控制系统可自动识别可变编组，从而具备可根据线路需求配置动车组、可有效降低备用率、可实现快速检修和可替换修、可灵活应对客流起伏等诸多优势。新型可变编组的工业化平台，融集成化、模块化和统一化于一体，能够制造不同速度的动车组，可更好地满足城际、中短途交路、干线长大交路及干线中长途等不同运输方式的需要。新型可变编组动车组及其工业化平台目前在车体结构制造、牵引集成模块化设计、餐货合造车布局设计、动车硬卧布局设计等方面均取得了多项技术专利。新型可变编组动车组的一系列创新突破备受瞩目，这正是中国中车新时代下积极践行供给侧改革的硕果。

我国高端装备制造业供给侧改革正处于深化攻坚阶段，亟待汇聚更多的创新发展力量，急需更多具有现实指导意义的经验借鉴。本书从我国高铁列车及动车组创新与发展的视角切入，以新型可变编组动车组的创新与发展为范本，总结我国高铁列车及动车组创新发展模式，旨在为我国高端装备制造业的创新与发展提供可遵循的经验。基于此，本书撰写了如下主要内容。

第 1 章，绪论。本章从现实角度和政策高度梳理了本书的研究背景，界定了本书在理论与实践方面的意义，进一步刻画了本书的研究框架，并选取了适宜的基本研究方法。本章内容是后续章节开展的前提。

第 2 章，高铁列车及动车组创新发展相关理论与文献综述。本章首先厘清了高铁列车及动车组在概念上的区别，继而对高铁列车及动车组创新发展的理论框架进行梳理，在此基础上，对高铁列车及动车组创新发展的既有文献进行梳理回顾。本章内容为后续章节奠定了理论基础。

第 3 章，高铁列车及动车组创新发展的意义。本章从现实角度和政策角度分别研究了我国高铁列车及动车组创新发展的意义。本章的研究从多角度说明现阶段我国应继续大力发展高铁列车及动车组，这也是高铁列车及动车组得以实现创新发展的前提。

第 4 章，高速铁路创新发展的沿革。本章梳理了国内外在高速铁路创新发展方面的历程、现状及创新发展体系。本章的研究有助于明确高速铁路创新发展的地位及作用。

第 5 章，动车组创新发展的沿革。本章介绍了国内外动车组的创新发展历程、技术特点及机车车辆等情况，并详细介绍了高速铁路技术领先的日本、法国及德国动车组的创新发展沿革。同时，对具有丰碑意义的中国标准动车组的创新发展做了单独梳理。本章的研究有助于明确动车组创新发展的地位及作用。

第 6 章，我国高铁列车及动车组的创新发展模式研究。本章从多角度刻画了我国高铁列车及动车组的创新发展模式，主要包括从“引进、吸收、自主创新”到“集成创新”再到“原始创新”的嬗变，从“CRH 系列”到“中国新型可变编组标准动车组”的创新突破，以及“政府主导、企业主动、科研拉动”的三主体协同创新模式。本章的研究有助于客观审视我国高铁列车及动车组的创新发展模式。

第 7 章，新型可变编组动车组创新特点及优势分析。本章以新型可变编组动车组及工业化平台为范本，详细阐释了新型可变编组动车组的创新特点及优势，并对其工业化平台的创新理念及优势特征进行介绍。新型可变编组动车组是新时代我国高端装备制造业自主创新的硕果，本章的研究有助于更直观形象地了解我国动车组的自主创新情况。

第 8 章，新型可变编组动车组创新发展的实证分析。本章构建了高端装备制造业“政产研”创新能力的指标体系，并基于搜集的数据进行创新模式与能力的协同分析，进而得出企业在协同创新中的地位和作用逐步提高的结论。基于此，进一步通过将新型可变编组动车组与既有车型对比，研究发现新型可变编组动车组已进入原始创新阶段并实现创新突破。本章的研究从数据角度更为理性和客观地分析了我国动车组的自主创新情况。

第 9 章，推动高铁列车及动车组创新发展的启示与建议。本章基于前述研究，对我国高铁列车及动车组创新发展的启示进行梳理，并进一步总结提出推动我国高铁列车及动车组发展的有益建议。

中国中车研发的新型可变编组动车组是积极践行供给侧改革的典范，为我国高端制造业的创新发展提供了许多可借鉴的宝贵经验。本书的撰写丰富了中国高铁列车及动车组创新发展模式的理论研究，能够为中国高铁列车及动车组日后的持续领跑提供经验借鉴，同时也有助于客观审视中国高铁列车及动车组在创新与发展过程中遇到的问题。希望本书能够为我国其他新兴行业的发展提供指导，进而为助推我国供给侧深化改革贡献力量。

在本书的编写过程中，首都经济贸易大学的兰英参加了第 9 章的撰写，中国中车公司的黄俊辉、倪付峰、赵志铎等提供了动车组新车型主要的设计原理信息和重大帮助，博士生贾丽桓、李晓月参与了本书的编写，博士生代庆会、喻子秦、李珍珠、姜钰羡等做了文献搜集和整理及校对工作，本书的研究过程也得到了张秋生、赵坚、李文兴、林晓言、陈娟等的帮助，在此一并表示感谢。本书的出版得到了北京交通大学中央高校基本科研业务费专项资金（2017JBWZ013）资助。

著者

2020 年 12 月

目 录

第 1 章
绪　　论

中国高速铁路（简称高铁）列车及动车组发展势头强劲，近年来不断提交一份份成绩斐然的满意答卷。中国高铁已成为中国制造领跑世界的一张黄金名片。因此，对中国高铁列车及动车组的创新发展进行研究兼具理论和现实意义。本部分对本书的研究背景、研究意义、研究框架及研究方法分别进行介绍。

1.1 研究背景

1.1.1 现实背景

作为中国新时代亮丽的黄金名片，中国高铁用一连串数字不断刷新人们对中国高端装备制造业的认知。

2017 年 9 月 21 日，由我国完全自主研发的“复兴号”中国标准动车组在京沪线上以 350 km/h 的速度运营，标志着我国成为世界上高铁商业运营速度最高的国家，也标志我国在动车组牵引、制动、网络控制系统等动车组技术领域实现了全面自主化。截至 2019 年底，我国铁路运营里程达 13.9 万 km，其中高铁运营总里程达到 3.5 万 km，超过全球总里程的 2/3，稳居世界第一。根据《铁路“十三五”发展规划》，2020 年我国高铁运营里程将达到 3 万 km，覆盖 80%以上的大城市；到 2030 年末，我国将形成覆盖中西部地区的“八纵八横”高铁新格局。

虽然成绩亮眼，但中国高铁仍步履不停。习近平在党的十九大报告中指出：“中国特色社会主义进入新时代，我国社会主要矛盾已经转化为人民日益增长的美好生活需要和不平衡不充分的发展之间的矛盾。”我国社会主要矛盾的变化意味着乘客对舒适度、可靠性和及时性等方面的诉求也在提高，这也要求高铁列车及动车组在实现技术创新的同时，积极满足乘客需求。为满足乘客日益多元化的需要，中国高铁列车及动车组坚持不断提升技术水平。2019 年 12 月 30 日，京张（北京至张家口）高铁开通运营，复兴号智能动车组首次开行，自动驾驶技术以及自感知、自决策功能提高了车辆安全系数，同时，滑雪板存放处、媒体桌椅车厢内显示屏集成化设计、无线充电设备以及电热开水器装置等细节设计，大大提升了乘客的舒适度和便捷性。

另外，我国幅员辽阔，高铁列车及动车组淡旺季及不同线路客流差异较大，既有高铁列车及动车组难以灵活应对客流起伏。一方面，在春节、五一、国庆等客流旺季，“一票难求”“一车难求”频现报端；而现有高铁列车及动车组采取固定编组，无法根据客流灵活增加编组。另一方面，我国城市群最密集、生产力最发达的长三角核心区域的高铁线路客流较多，而中西部地区的高铁则往往客流匮乏；因为现有高铁列车及动车组采用固定编组，也无法根据客流变化而减少编组以节约成本，凸显出种种弊端。同时，为实现安全运营，高铁列车及动车组需要定期检修或更换零部件，在固定编组下，仅以更换车窗玻璃为例，就需要整列车停运，严重影响了运营效率，增加了运营成本。

综上，目前中国高铁列车及动车组在技术领域虽已实现后来居上，但仍需要不断提升自主创新能力。中国中车股份有限公司研制的新型可变编组动车组，依托工业化平台，能够实现可变编组，进而解决既有动车组存在的诸多运营问题，能够给乘客更好的舒适体验，能够为交通运输领域推进和深化供给侧结构性改革起到示范作用，能够为我国高端装备制造业日后继续深化供给侧改革提供思路借鉴。

1.1.2 政策背景

1. 积极助推“供给侧改革”

供给侧结构性改革是当前我国经济工作的核心，自 2015 年首次提出之后，习近平总书记在各个场合多次强调要坚持供给侧结构性改革，从供给、生产端入手，通过解放生产力，提升竞争力促进经济发展。具体而言，就是要求清理“僵尸企业”，淘汰落后产能，将发展方向锁定在新兴领域、创新领域，创造新的经济增长点，具体内容如图 1－1 所示。2019 年中央政治局会议多次强调，“坚持稳中求进工作总基调，坚持以供给侧结构性改革为主线”，细化“巩固、增强、提升、畅通”八字方针落实举措。2020年7月30日，中央政治局会议指出，“推动‘十四五’时期经济社会发展，必须坚定不移推进改革”，并强调，“更好统筹疫情防控和经济社会发展工作，坚持以供给侧结构性改革为主线”。

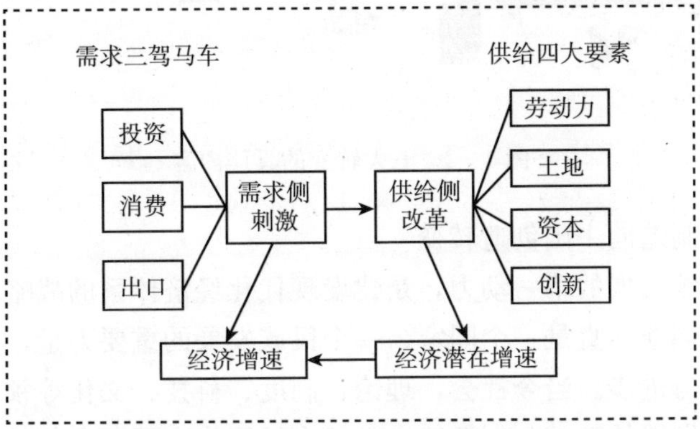

图1-1 供给侧改革的具体内容

铁路作为拉动经济增长的“火车头”，通过补短板、强弱项、固优势、谋发展，深化铁路运输供给侧结构性改革，全方位提升铁路服务水平。具体来说，首先，优化客运产品结构。也就是说充分利用高铁成网的优势，统筹管理高铁及普铁客运资源，动态调整列车开行模式及方案，创造新的铁路客运产品，全方位提高客运服务质量。其次，增强货运产品的开发力度。实现各种交通方式的融合发展，积极控制货物运输成本，为社会经济的良好发展创造条件。再次，强化运输保障力。建立以市场需求为导向的动态运行图调整机制，充分利用列车运能，提高列车运能资源的配置效率。最后，实施高铁“强基达标、提质增效”工程。构建高铁运营的后评估制度，全方位打造中国高铁品牌，积极实现高铁经济与高铁品牌的融合辉映，满足广大人民群众的需求。

2. 积极践行“三大转变”

自2014年5月10日习近平总书记提出“三个转变”，为推动我国产业结构转型升级、打造中国品牌指明了方向。并自2017年起，我国将每年5月10日定为中国品牌日。具体如图1-2所示。

图 1-2　三大转变的具体内容

(1) 中国制造向中国创造转变

创新是引领发展的第一动力，是建设现代化经济体系的战略支撑。回首人类发展历史，创新一直是一个国家、一个民族发展的重要力量，持续推动着人类社会的发展与进步。当今社会，理论、制度、科技、文化等领域的创新，是经济持续快速发展的基础，创新能力也越来越能代表国际竞争新优势。谁在创新上先行一步，谁就能拥有引领发展的主动权。因此，美国、德国、日本、欧盟等国家和地区都增强了以创新为核心的科技战略的投入力度。就国内情况来看，我国经济总量居全球第二，但依然大而不强，主要依靠要素投入驱动的传统增长模式已难以为继。目前急切需要通过创新驱动途径引领我国社会与经济的发展。习近平指出："实施创新驱动发展战略，是应对发展环境变化、把握发展自主权、提高核心竞争力的必然选择，是加快转变经济发展方式、破解经济发展深层次矛盾和问题的必然选择，是更好引领我国经济发展新常态、保持我国经济持续健康发展的必然选择。"他强调："我国能否在未来发展中后来居上、弯道超车，主要就看我们能否在创新驱动发展上迈出实实在在的步伐。"近年来，中国深入实施创新驱动发展战略，广泛开展大众创业、万众创新，厚植社会创业创新沃土，取得了超出预期的效果。电子商务、移动支付、共享单车等新产业、新业态、新模式快速发展。世界知识产权组织等机构发布了 2019 年全球创新指数排名，中国列居第 14 位，较上年上升 3 位，居中等收入经济体之首。中国制造正在向中国创造转变。

(2) 中国速度向中国质量转变

追求经济高质量发展是当前中国经济发展的重要目标。十九大报告指出："我国经济已由高速增长阶段转向高质量发展阶段。"这一论断既指出了新时代我国经济发展的鲜明特征，也为今后的经济工作指明了主攻方向。习近平指出："高质量发展是我们当前和今后一个时期确定发展思路、制定经济政策、实施宏观调控的根本要求，必须深刻认识、全面领会、真正落实。""要推动制造业从数量扩张向质量提高的战略性转变，让提高供给质量的理念深入到每个行业、每个企业心目中，使重视质量、创造质量成为社会风尚。"

（3）中国产品向中国品牌转变

目前，中国供给侧结构性改革深入推进，经济结构不断优化，数字经济等新兴产业蓬勃发展，高铁、公路、桥梁、港口、机场等基础设施建设快速推进。

3. 积极贯彻"五大发展理念"

党的十八届五中全会审议通过《中共中央关于制定国民经济和社会发展第十三个五年规划的建议》，首次提出"创新、协调、绿色、开放、共享"五大发展理念，具体内容如图1-3所示。

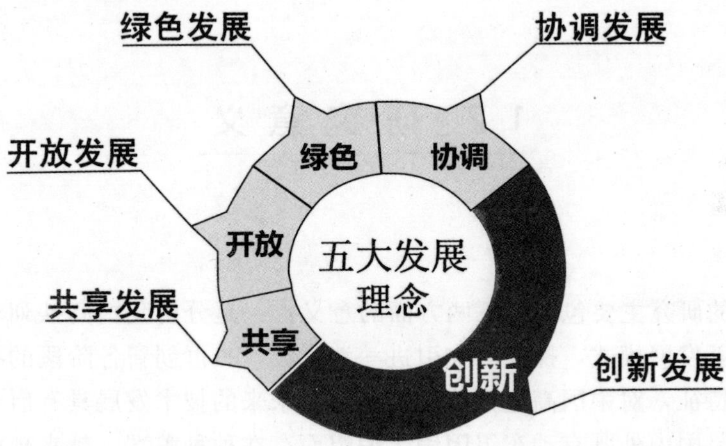

图1-3 五大发展理念的具体内容

其中，创新发展是我国社会发展的主要动力，强调高铁应立足于提高自主创新能力，完善技术创新体系，推进关键装备自主化，形成涵盖工务工程、高速列车技术、列车控制、牵引供电、运营管理、信息服务六大领域的高铁技术体系，运营里程和速度都实现大幅提升。

协调发展理念重点表明：现如今，中国高速铁路建设已步入高速发展期。伴随各个客运专线的全线贯通，诸多高铁经济带逐步建立。以高铁场站为核心，通过高铁的快速连通，推动沿线城市（城镇）在产业发展、互联互通、旅游合作、城镇建设、绿色环保等领域的互相合作与资源共享，促进经济快速协调发展。

绿色发展理念强调交通运输业作为国家发展的重点支撑产业，是国家节能减排的重要领域，必须贯彻“建设畅通高效、安全绿色交通运输体系”的目标。

开放发展理念的提出，特别是高铁的开放发展，提升了中国国际形象，同时助推了国际经济文化交流，带动了“一带一路”沿线国家经济的发展，为技术引进及输出提供了更多契机。

共享发展理念要求高铁应当将政府主导机制和市场调节机制深度融合，在建设、运营等各方面制定与共享发展理念相配套，且有助于其贯彻落实的高铁发展规划及实现高铁服务均等化的保障制度。

1.2 研究意义

本书的研究主要包括以下两方面的意义：一是分析我国高铁列车及动车组技术创新发展模式，探究其在引进—消化吸收—再创新各阶段的技术进步与阶段性特征，对中国高速铁路装备制造业未来的技术发展具有启示与指导意义；二是国内外既有动车组因固定编组而存在种种弊端，越来越严重制约运输企业发展。基于此，中国中车股份有限公司积极响应国家供给侧改革号召，积极践行“降成本、提质量、提收益”，自主研制具有完全自主知识产权的新型可变编组动车组，并实现多项世界范围的首创创新设计。

1.2.1 理论意义

在理论研究领域，本书的研究可以实现以下几个目标：一是丰富相关领域的理论研究，不仅仅是单纯地研究高铁列车及动车组的技术创新模式，而是将政府、企业、大学及科研机构这三方主体有机结合，从新的视角出发探究三者协同作用下的高铁列车及动车组创新发展模式，有利于完善和丰富现有理论研究；二是为高速铁路装备制造业技术创新提供理论支撑，分析引进—消化吸收—再创新模式和政府、企业、大学及科研机构为一体的创新体系的作用与意义。

1.2.2 实践意义

本书的研究可以在实际操作中实现以下目标：现阶段，国内外既有动车组均为固定编组，不仅难以应对客流起伏变化，更造成维修就要整列停运的弊端，使检备率居高不下，成本难以降低，收益难以提高；同时，传统车厢也很难满足乘客对舒适乘车体验的新诉求。近年来，铁路运输行业积极贯彻落实国家供给侧结构性改革，深入实践“降成本、提质量、提效益”的“一降两升”要求。基于此，中国中车股份有限公司科研攻关，积极研制新型可变编组动车组，打破固定编组的传统束缚，依托新型工业化平台，实现可变编组，进而降低检备率，灵活应对客流起伏，实现车厢车体等多项创新设计。新型可变编组动车组在带给乘客更高舒适度和私密性的同时，能够有效增加定员，实现降成本、提收益，是对我国交通运输业深化供给侧结构化改革的示范践行。

1.3 研究框架

本书的研究框架如图 1-4 所示。

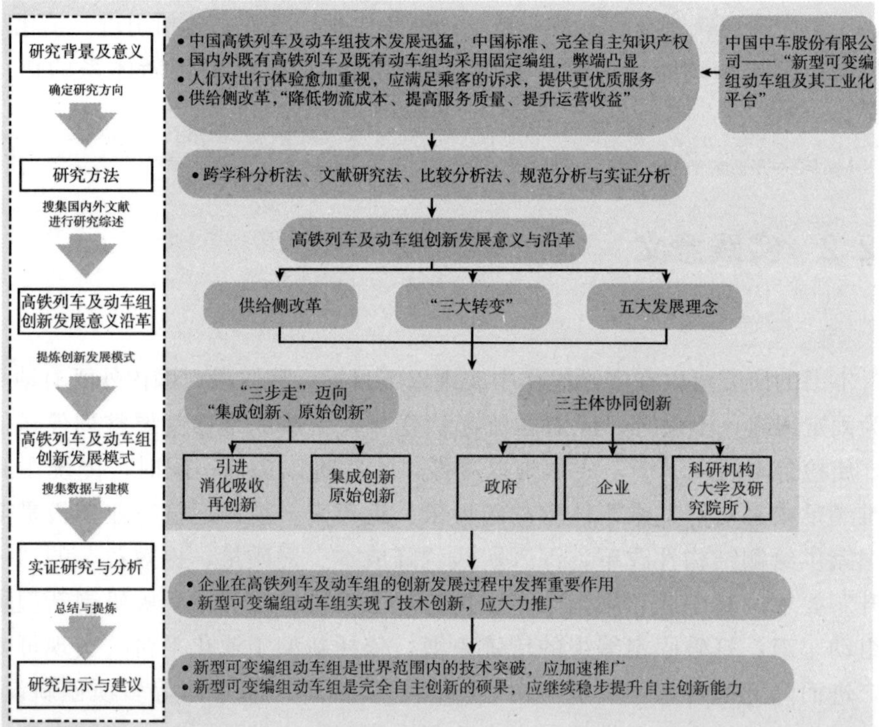

图 1-4 研究框架

本书的研究建立在我国高端装备制造业深化供给侧改革的背景下，通过梳理现有研究资料，确定研究问题及研究方法，将定性分析与定量分析相结合，刻画出中国高铁列车及动车组的创新发展模式。同时，本书还介绍了新型可变编组动车组及工业化平台的创新优势，期望未来的积极推广能够为稳固我国高铁世界技术领跑地位打下坚实基础，同时也为深化我国高端制造业供给侧改革助力。

1.4 研究方法

为了更好地完成相关研究，本书采用跨学科分析法、文献研究法、比较分析法、规范分析与实证分析相结合的分析方法来研究问题。

1. 跨学科分析法

本书旨在研究新型可变编组动车组的创新发展模式，其研究内容涉及产业经济学、运输经济学、管理学、社会学等多门学科的相关知识，因此具有很强的学科交叉性。在这样的前提条件下，本书在多学科交叉的视角下，采用跨学科的综合性知识对新型可变编组动车组技术创新进行理论与实践的全面分析。

2. 文献研究法

相关学者的已有研究成果是本书研究的基础。因此，本书首先进行文献及相关资料的搜集，整理出国内外学者对于该问题的相关研究，以便站在巨人的肩膀上，对本书有更全面清晰的认识与分析。文献的大致内容包括国内外学者对于高铁列车及动车组的理论研究、高速铁路装备制造业发展研究、国内外技术创新模式研究。

3. 比较分析法

本书在进行模型的建立与分析时，重点选取中国高速铁路装备制造业技术创新体系内各主体的相关数据进行整理与分析，通过模型处理和比较，总结出中国高速铁路装备制造业技术创新的优势与不足之处。

4. 规范分析与实证分析相结合

本书采取分析与综合、归纳与演绎、抽象与概括的方法，通过 SPSS 软件对选取的数据进行分析，再建立相关的模型，综合测量中国高速铁路装备制造业技术创新各子系统的有序度并计算得出整体的创新能力。根据测量结果对中国高速铁路装备制造业技术创新做出相应的规范分析，同时对新型可变编组动车组与国内外既有动车组进行牵引动力等方面的比较，并在此基础上提出相应的建议。

综上，本章在阐述本书的研究背景、研究意义的基础上，提出本书的研究方法，这为后文研究的展开奠定了基础。

第 2 章
高铁列车及动车组创新发展相关理论与文献综述

中国高铁列车及动车组的创新发展成果举世瞩目，近年来逐渐成为理论和实务界研究的热点话题。本章主要对高铁列车及动车组创新发展的相关理论及国内外现有研究文献进行梳理。

2.1 高铁列车及动车组的概念界定

2.1.1 高速铁路

高速铁路常常与 CRH 相混淆。常见的 CRH 是“China railway high-speed”的缩写，字面意思是中国铁路高速，又可称为中国铁路高速列车，指的是列车而不是铁路。从字面定义来看，高速铁路是铁路中的一种，是纯粹以铁路的运行速度划分的铁路种类。因为其高运营速度的特点，所以对线路建设、调度模式、上线车辆、人员操作等有更高标准的要求。

关于高速铁路的定义，国际上尚未达成共识。根据国际铁路联盟的解释，狭义的轮轨高速铁路，是指新建设计运行速度达到 250 km/h 及以上的铁路，以及通过提速改造后，运行速度达到 200 km/h 及以上的铁路。

结合我国实际，中国高速铁路有两层含义：一方面，就技术标准而言，中国高速铁路是指新建设计开行 250 km/h（含预留）及以上动车组列车且初期运营速度不小于 200 km/h 的客运专线铁路；另一方面，从路网建设而言，中国高速铁路是指所有设计速度达到 200 km/h 及以上的新线铁路和部分经改造达标后的既有铁路。

2.1.2 动车组

动车组亦称多动力列车组合，电力动车组叫作 EMU (electric multiple units),

内燃动车组叫作 DMU（diesel multiple units）。动车组的动力装置分散安装在每节车厢上，带动力的车辆叫动车，不带动力的车辆叫拖车。与传统列车依靠首节列车拉动全部车辆的编组所不同的是，动车组是依靠若干节（≥2）自带动力的列车和若干节不带动力的列车编组而成，而传统动车往往采用组成固定、不可更改的编组方式。

动车组常常与高铁列车相混淆，实则两者是有区别的。动车组是指在普通铁路上运行时速为 200 km 及以上等级动车组；高铁列车是指在专线运行，保障时速为 300 km 及以上动车组。可见，动车组范畴比高铁列车范畴更宽泛。为便于理解，本书采用高铁列车及动车组的说法。

2.2 高铁列车及动车组创新发展的理论基础

2.2.1 技术创新理论

国际上对创新的研究历史久远，最早起源于熊彼特提出的创新理论。熊彼特从技术变革对经济非均衡增长和对社会非稳定发展的影响出发，于 1912 年首次提出“创新”概念。该理论认为，“创新”是指企业家为了获取潜在利润，对生产要素进行的重新组合，具体而言就是将从未组合过的生产要素和生产条件组合在一起并引入到生产体系中，建立一种新的生产函数。根据熊彼特所著《经济发展理论》中的观点，生产要素和生产条件的新组合包括五种：一是产品创新；二是工艺创新或生产技术创新，即采用新的生产方法；三是市场创新，即开发新市场；四是材料创新，即获得新的原材料供给或半成品供给来源；五是组织管理创新，即实行一种新的企业组织形式。创新并不单单是数量上的叠加，而是需要综合产品、技术、市场等各个环节的效用，从而创造出新价值。由此可见，熊彼特对创新的定义，不单单是对创新的解释，还将经济发展与创新相结合，定义经济发展为可以执行的新组合。

但是当时凯恩斯的革命理论盛行，熊彼特的创新理论在提出后并没有得到应有的重视。第二次世界大战以后，信息技术革命推动了许多国家经济的高速增长，传统经济学理论中资本、劳动力等要素难以对经济增长黄金期的现象进行解释，经济学家开始重视对技术进步与经济增长关系的研究。因此，熊彼特的创新经济学理论重新受到了重视，创新理论不断发展。

马克思经济学中也曾提出过技术创新思想，但是马克思并没有明确定义技术与技术创新，只是用不同的词来表达技术与技术创新的含义，如以“发明”“机器”等表示技术；以“以机器为基础的生产方式的变革”“劳动资料的革命”表示技术创新；用“资本有机构成”的变化与“劳动生产率”的变化来衡量技术创新的进步程度。

我国关于技术创新理论的研究比国外要晚许多年，1981 年张培刚和厉以宁首次介绍了技术创新理论。1995 年，汪应洛总结了国内外学者关于技术创新的观点，结合我国经济发展的特征，定义技术创新为从建立新概念到形成物质生产力，再到成批进入市场并获得收益的整个过程。傅家骥认为，技术创新是包括科技、组织、商业和金融等一系列活动的综合过程，是企业家以获取商业利益为目标，抓住潜在的市场盈利机会，重新组织生产条件和要素，建立起效能更强、效率更高和费用更低的生产经营系统，从而推出新的产品、新的生产方法或工艺，开辟新的市场，获得新的原材料或半成品供给来源或建立企业的新的组织过程。

2.2.2　市场需求与技术创新互动理论

市场需求与技术创新互动理论发展分为以下几个阶段。首先早期的创新理论大都倡导技术推进模式，该模式认为技术创新的首要动力是科学技术研究及其所产生的发明创造。1966 年，J. Sehmookler 从外部环境出发提出了需求拉动模式。由于专利活动以利益最大化为最终目标，本质上属于经济活动，受到市场需求的推动和制约，所以市场需求会对技术创新活动产生一个非常明显的推动作用。也有学者认为技术创新与市场需求之间的关系较复杂。1987 年，Freeman 等人的研究表明，技术创新和市场需求存在复杂多变的互动关系。

D. C. Mowery 和 N. Rosenberg（1989）则认为，创新是在技术和需求的双重拉动下产生的，两者结合形成一种综合模式。

斋藤优认为资源和需求的缺口是创新活动进行的重要条件，1989 年他提出了需求-资源模式。创新活动和所有经济活动一样，其本质是资源的稀缺性，其根本目的是降低成本、提高利润。技术创新通过企业家的作用与市场连接，创造出更大的利润，并引起新一轮的技术进步。而资源与需求的缺口正好可以通过创新活动解决，从而促进创新活动的发展。

国内学者也对市场需求与技术创新互动理论进行了研究。汪琦（2006）将两者的互动关系对产业升级的作用进行了研究。企业通过创新活动研发出新产品或改进旧产品的功能，会对市场和消费者产生引导与示范效应，进而产生市场需求和技术创新的良性互动。与此同时，在良性互动中可能产生新兴产业，并逐渐发展成为主导产业，带动相关产业的发展和升级。

赵建军（2003）研究认为，高铁之所以能够稳定发展，主要是由于其动力机制和运行机制为其保驾护航。企业的自我发展、国家的扶持、国内市场的刚性需求、国内外的技术助推等构成了高铁的动力机制；技术学习链条、员工队伍建设、创新生态系统运营、全面创新管理的相互作用等形成了我国高速铁路产业的运行机制。未来，中国高铁应该更加关注本身的技术培养、人才储备和创新氛围的创造及三者间的交互作用。

2.2.3 产业竞争力理论

产业竞争力不单单是指某产业的竞争优势所在，更代表某一区域乃至整个国家的创新能力。产业竞争力理论最早源于大卫·李嘉图的比较优势原理。该理论作为国际贸易的基础，认为比较优势即是商品的相对价格差异，一个国家应该注重于生产具有比较优势的商品，以高生产率的产品替换低生产率的产品。该理论也较为通俗地阐述了竞争力原理。

马克思的竞争理论认为，资本主义企业追求扩张与增长的目标是经济变革和增长的原动力，也就是说追求价值增值。企业间的动态竞争引发经济增长与发展，同时也使得老企业衰退和资本集中，从而导致愈发激烈的竞争。不同于古典学派，马克思持这样的观点：在竞争中，企业并非被动的接受者，而是价格或数量的设定者，可以依据竞争对手可能做出的反应，不断寻求改组生产和市场活动，动态调整市场价格。在不均衡条件下，即便是同一种产品依然存在价格差异。

近几年，诸多国内外学者越来越关注国家创新能力层面的研究。其中，国家创新理论的根基是以波特为代表的产业竞争优势理论及以纳尔逊为代表的国家创新体系理论。Furmanetal（2002）通过研究表明国家创新能力对其产业竞争力产生影响的同时，也直接影响高技术产品的国际市场份额，并且一个国家长期促进新技术产业化能力的高低也能够以此来衡量，且决定国家未来的经济发展潜力。纳尔逊（1993）基于更加宏观的角度研究了创新理论，他在研究中突出了国家创新政策、制度环境及教育状况这三个因素对国家创新体系的影响。

波特（1990）的“钻石模型”将产业竞争力归结于生产要素、需求条件、相关产业和支持产业的表现、企业战略和结构及竞争对手四大基本因素。除此之外，机会与政府也是产业发展不可缺少的条件。要想促进一个国家某个产业的技术进步、提升其产业竞争力，都离不开上述四大基本要素、政府和机会的作用。“钻石模型”不仅能够分析产业的竞争力，还能够比较国际竞争力差异。基于“钻石模型”，李小北等（2007）比较了中国和印度两个国家的竞争力，考察了竞争力的决定因素。庄惠明等（2009）还基于“钻石模型”研究了中国的服务贸易竞争力，分析表明我国服务贸易的竞争力与服务业发展不一致。

研究我国高铁产业的技术创新实质上就是研究后发国家的技术赶超过程，探索高铁产业如何充分运用后发国家优势，利用与高铁技术强国间的差距，实现从技术引进到技术赶超的跳跃。技术也可视为一种高级的生产要素，投入到生产中。引进国外先进技术的本质就是把“技术”这个生产要素投入到后发国家的生产过程。市场作为试金石，能够检验技术是否成熟，创新活动能否成功。事实上，创新活动的终极目标是实现利益最大化，是一种经济活动，必然会受到市场需求的约束。通常，是在高铁与市场需求互动的过程中实现技术创新的。高铁产业的技术创新能力由其产业竞争力体现。因此，基于波特的“钻石模型”探索高铁产业的竞争优势是必然选择。该模型从 6 个层面分析高铁产业的竞争优势，这 6 个层面分别是需求条件、生产要素、相关产业、企业结构和竞争战略、政府、机会等，其中需求条件这一要素体现了市场需求与技术创新间的互动情况。探讨相关产业对高铁产业技术创新机制的影响，就必须要基于技术的溢出问题。在高铁产业中，技术创新可能会顺着产业链的投入产出关系发生转移，从而产生技术溢出效应。“钻石模型”较好地概括了市场需求与技术创新互动理论、后发国家的技术赶超理论及技术溢出效应理论。

2.2.4 后发国家技术追赶理论

1961 年，Posner 提出了技术差距理论，他坚定地认为国家与国家之间的差距是技术发生转移的根本原因。1966 年，尼尔森提出，技术进步率与技术差距在后发国家呈现一定的线性正比例关系，同时先进技术国家与后发国家之间的技术差距会呈现相对稳定的趋势。但是随着后发国家的技术水平的不断突破，它们的技术创新能力得到很大的提高，所以这些国家可以适时引进先进技术，在某些领域或产业实现技术上的超越。

以 Gerchenkron（1962）为代表的后发优势理论，是与技术差距理论相对应的。这一理论认为，后发国家会利用与先进技术国家在技术方面存在一定差距的条件，大量引进国际先进技术且消化吸收。随着后发国家技术水平的逐渐提高，赶超先进国家的时机越来越成熟，最终后发国家将其与技术先进国家之间的差距转化为技术追赶的动力，从中借鉴优良经验，使后发国家直接引进、吸收先进技术，并最终进行技术消化和再创造，完全实现技术的赶超和领跑。后发国家能利用它们的优势获得更快的发展。这也是许多后发国家的落后产业实现落后—赶超—领跑的模式。

虽然技术上的差距为后发国家的技术追赶提供了后发优势，技术模仿和技术外溢则是后发国家发挥作用的重要条件。技术追赶是发展中国家普遍采用的模式，如果想要让企业的竞争能力在短期内有一个巨大的提升，可以采用的途径有吸收国外技术并且加以模仿创造。企业进行适度的模仿可以很快地提高自身的竞争优势，并且实现技术飞跃。这也是后发国家进行技术赶超的一个重要途径。

2.3 高铁列车及动车组创新发展的文献综述

2.3.1 国外文献综述

Linsu Kim（1997）指出，发展中国家自主创新能力的形成一般需要经过引进、吸收和提高的过程，这就意味着自主创新不仅可以是原始创新，还包括引进和消化吸收、再创新，通过技术引进可以在“干中学、用中学与研究开发中学”，最终实现自主创新。Freeman（1992）基于创新程度，将创新模式分为 4 个层次：渐进性创新、根本性创新、技术系统的变革、技术经济范式的变更。从同样的角度入手，Bower 与 Christensen（1997）提出了破坏式创新理论，他们认为创新应该被划分为维持性创新和破坏式创新。基于创新活动层面，March（1991）将创新分为探索性创新和应用性创新。哈佛大学教授 Marco Iansiti（1991）首次提出源于“技术集成”理念的集成创新。此概念认为，整体的功能要大于个体及各个部分，突出强调各个要素间的关联性及整体性。Chesbrough（2003）首次提出开放式创新的概念，表示在此创新模式下，企业可以并且应该运用内外部的创意和商业化途径实现技术进步。麻省理工学院斯隆中心研究员 Peter Gloor（2006）提出了协同创新的概念，并将其定义为“由自我激励的人员所组成的网络小组形成集体愿景，借助网络交流思路、信息及工作状况，实现目标”。

2.3.2 国内文献综述

关于高铁技术创新的相关文献，研究者的目标点主要集中在技术创新模式、政产研合作和创新网络等方面。

围绕高铁技术如何进行创新，林善波（2011）指出高铁属于复杂技术和复杂产品系统，对经济增长发挥着越来越重要的作用。他认为复杂产品系统的技术追赶必须以动态比较优势理论为指导，充分发挥政府的引导和政策支持作用，结合实际科研、技术、资本等要素条件，有计划、有重点地选择一些复杂产品系统领域，进行技术追赶。程鹏（2011）认为产业需求引致的基础研究模式是一种点对点技术创新的管理模式；中国产业发展过程中特有的需求对基础研究有积极贡献；探究国外已经成熟技术背后的基础理论，仍然是中国产业核心技术发展必不可少的阶段；政府创造出的大规模和一体化的市场为产业介入基础研究提供了强有力的支撑。孙永福（2015）认为市场需求是推动高铁技术发展的最大动力，我国高铁技术创新取得巨大成功是因为制定了“引进先进技术、联合设计生产、打造中国品牌”的正确方针。他还指出前期的技术积累是技术引进、消化和吸收乃至再创新的基础。何卫平、牛瑾（2017）为我国未来的高铁技术创新提出建议：应加快我国高铁标准体系国际化进程，应加强中国高铁海外知识产权保护，应加速中国高铁国际化人才培养。

另外，我国部分学者根据三螺旋理论，重点研究政产研三者合作对高铁技术创新的推动作用。程庆辉（2011）提出适合我国现实的高铁技术创新政产研合作理想模式是政府参与下的合作实体模式，同时构建了我国高铁技术创新政产研一体化的三螺旋模型，并对高铁技术创新政产研一体化的风险、运行、收益分配、合作绩效评价等方面进行研究。林晓言、张爱萍、郝亚平（2017）认为行政链、生产链和技术与科学链三个链条在一起共同形成了区域创新系统的制度网络。我国高铁创新的三边混成组织类别齐全，且形成了既可部分替代又相互依存的组织市场，三边混成组织处于核心地位且具有相对唯一性；同时指出我国高铁技术创新是政产研等创新主体之间紧密合作和协同创新的结果，在此过程中，高铁研发一直是以市场需求为纽带，各类创新主体围绕知识生产与成果转化相互连接在一起的，具有明显的抱团式螺旋上升的特征。

周川云和孙启贵（2017）将“创新网络”概念应用到高铁技术创新领域，认为我国高铁的成就产生于我国高铁技术创新网络中，而网络嵌入性是创新网络的主要因素，主要体现在生产网络子系统、创新网络子系统和社会政治子系统中，并对未来我国高铁行业如何依托创新网络进行发展提出了建议。

综上，本章对高铁列车及动车组的概念进行界定，并且对技术创新理论等相关理论基础进行了阐释，在此基础上对国内外高铁列车及动车组创新发展文献进行综述，这些为后文的研究奠定了理论基础。

第3章
高铁列车及动车组创新发展的意义

3.1 高铁列车及动车组创新发展的现实意义

古代城市往往依水而建，因水而生。如今决定一座城市兴衰的是便捷的交通运输条件。每一条高铁的开通运行都会在当地形成一条极速的经济带，中国的发展正是由这些经济带在推动。经济带的作用不仅如此，高铁对沿线地区的产业发展和城镇化进程也带来了重大的影响。此外，相较航空等出行方式，高铁在节能减排方面成绩斐然，为引导绿色出行提供了有力保障。高铁列车及动车组创新发展的现实意义如图 3-1 所示。

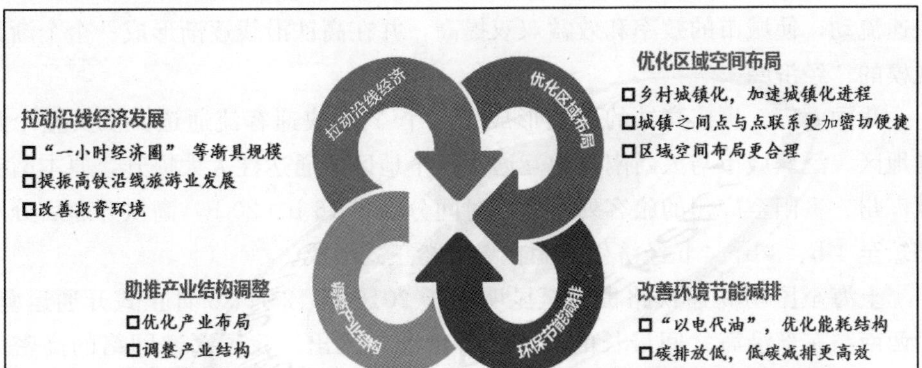

图 3-1　高铁列车及动车组创新发展的现实意义

然而，随着人民生活水平的不断提高及人口密度的日益增加，高铁列车及动车组不断实现创新发展是大势所趋，新的历史时期也将赋予其更多的现实意义。

3.1.1 拉动沿线经济发展

随着全国高速铁路网“四纵四横”的初步建成，“八纵八横”的启动实施，我国各大经济圈城际轨道愈加完善，“一小时经济圈”“一小时交通圈”“城际商贸圈”逐渐成为现实。由于时空距离的大幅度缩小，旅游业、物流业直接受益，而且高铁沿线城市人员的频繁往来和信息流通的便捷化也使制造业、特色农业得到更多红利。交通是经济发展的大动脉，打通各个经济区的交通脉搏将促进中国整体经济向好。新时期高铁列车及动车组的创新发展肩负着拉动沿线经济发展的重任。

(1) 渐具规模的高铁经济圈

全天候运输、运能强大和方便快捷是中国高铁的显著特点，它使高铁沿线区域，甚至整个中国紧密地联系在一起，既能够发挥“同城效应”，又能及时调动高铁沿线地区的物流、人流、资金流、信息流，实现信息、人才等要素的快速流动，使城市的效率和效益双双提高，并在高铁沿线逐渐形成一个个渐具规模的“经济圈”。

我国南广、贵广高铁的开通形成了一个 Y 形快速客流通道，横贯整个黔桂地区，泛珠城市与大西南腹地互通使整个地区的通达性大大提升，原本南宁至广州、贵阳至广州的旅客列车运行时间分别为 16 h、20 h，高铁开通后分别缩短至 4 h、3 h，4 h 经济生活圈在粤桂黔正式形成。

上海至昆明高速铁路贵阳至昆明段于 2016 年 12 月 28 日正式开通运营，大西南与东部沿海之间最长的“一横”由此勾画出。我国高铁网络的高密度性，极大地缩短了云贵高原与泛珠三角、长三角、京津冀等沿线城市的时空距离，而且 1～3 h 的高铁生活圈也让互相邻近的城市达到了时空上的“同城”，共享高铁经济发展的红利。

“高铁经济圈”也催生了我国区域的深度合作。粤桂黔 3 省（区）及高铁沿线 13 个市（州）于 2015 年在广东佛山召开了首届粤桂黔高铁经济带合作试验区现场推进会，决定共同推进粤桂黔高铁经济带合作试验区建设，并且采用“一区三园”（粤桂黔高铁经济带合作试验区和广西园、广东园、贵州园）的形式。截至 2016 年 9 月底，以贸易往来为例，佛山市南海区与贵州、云南、广州每月销售交易铝棒、铝锭约 14 万吨，估算交易额高达 20 亿元。

（2）高铁提振沿线旅游业

随着我国国民经济的不断发展及人民生活水平的日益提高，旅游作为健康的娱乐方式逐渐备受青睐。交通是旅游的命脉，也是城市旅游发展的最大红利。高铁的建设发展，不仅能大大提高沿线的交通运输能力，而且能极大地改变旅游市场格局。在高铁建成后，一些旅游的冷门景点重新受到重视，人们在旅游选择时的自由度更大。基于此，新时期高铁列车及动车组创新发展对提振沿线旅游经济具有重要意义。

以贵州、南宁为例，2014 年 12 月 26 日，贵阳至广州、南宁至广州高铁正式开通运营，成为我国西北、西南连接珠三角通江达海、陆海联动的重要通道，贵州、南宁也从此迎来高铁时代。贵州省旅游发展委员会数据显示，2016 年 1—11 月，贵州省接待游客人次同比增长 41.51%，旅游总收入同比增长 43.53%。其中，入黔游客增长 50.06%，过夜游客增长 32.36%。开通高铁引入的客源直接促使贵州旅游业呈现井喷式增长。同样情况的还有桂林，2015 年桂林接待游客达 4 500 万人次，其中有近八成的游客选择高铁这一交通工具。凭借高铁的便捷性，粤桂黔 3 省（区）积极促进高铁沿线各城市间的合作交流、客源互换，高铁促使沿线城市的旅游竞争力明显增强。

在 2017 年国庆期间，全国各大高铁站点导游彩旗飘飘，旅游团队应接不暇。从售票情况看，广东、湖南、海南三省近 60%的铁路客流是旅游出行人员。广铁集团车票统计数据显示，在“十一黄金周”前 5 天的客流中，近七成客流是去往热门景点方向的。其中，京广、厦深、沪昆、海南环岛等高铁沿线景区均迎来自高铁开通以来最强客流。同时，由于休假时间的限制，大部分游客对旅游品质有较高的要求，开通高铁满足了游客对“休闲度假游”和“深度游”的要求。

随着高铁的便捷及普及，人们节假日出行的热情也日益高涨，交通格局决定旅游格局。高铁列车及动车组的开通与创新发展，一方面，给沿线旅游市场注入了新活力，为餐饮、住宿、购物等领域创造了新的经济增长点，另一方面，也极大地促进了中国旅游产业的转型发展。

（3）投资环境不断改善

路通则业兴。高铁列车及动车组的创新发展给沿线招商引资带来了福音。以贵州省为例，在没有开通高铁前，政策再优惠也很难招商，无法吸引到好项目。高铁的开通使得贵州省的投资环境发生了巨大变化，华为等诸多电子科技公司纷纷前往贵州省安家落户。据统计，2019 年，贵州省引进重点省外产业项目 5 210 个，合同投资额达 7 523 亿元。

再以云南省为例，由于受高原地质形态等因素的长期影响，云南省铁路建设情况较为滞后，山区险要的地势也制约了火车的运行速度。然而近年来，伴随国家长江经济带、西部大开发、“一带一路”等重大战略的贯彻落实，面向东亚、东南亚辐射中心建设工作的深入推进，为云南省铁路建设创造了黄金机遇。沪昆高铁的全线贯通，将昆明至上海的时间缩至 11 h，较之前减少了近 20 h。云南将以全新的速度融入国家高铁网络中，进一步加强与内地城市的创新性合作，并为连接南亚、东南亚架起一座新桥梁。同时，高铁时代的来临，也将极大地提升云南招商引资的吸引力，有利于云南承接我国东南部沿海发达地区产业转移，加快优势特色农业及有色金属、医药、烟草等传统优势产业转型升级，带动物流、旅游、金融等现代服务业集聚发展。

3.1.2 优化区域空间布局

区域发展离不开便利的交通，高铁列车及动车组的创新发展，明显缩短了区域之间的点对点距离，在大大节省出行时间成本的同时，也对区域空间布局的优化起到了深刻影响，大大推进了城镇化发展。

铁路推进了城市的繁衍，高铁更促使城镇化进程加快。以石家庄为例，其曾是河北省获鹿县一个默默无闻的小村庄。1902 年，京汉铁路由此经过，1907 年，正太路与京汉路在此相交，石家庄的命运由此改变。1968 年，这个“被火车拉来的城市”最终取代保定，成为河北省省会。同样，郑州虽是古城，但发展曾远不及“天朝上都”开封和洛阳。清朝末年，平汉铁路和陇海铁路在此交汇，郑州成为“中国铁路心脏”“中国交通十字路口”，从此一路风光。帝制结束，“上都”成为“废都”，郑州则于 1954 年“擢升”河南省省会。

根据《国家新型城镇化规划（2014—2020 年）》，城镇化的整体格局将由交通运输网络支撑和引导，而高铁更将以“四纵四横”的大手笔，彻底重写中国经济地理，从而深刻影响沿线的区域经济、产业发展，乃至经济社会变迁。在这场革命性的变化中，各种经济要素、各种发展机遇，都将随着风驰电掣的高铁，以超过 200 km 的时速穿梭于中国经济的时空场域。

作为开路先锋，高铁将主导城镇化的未来。以高铁为纽带，以站点城市为基点，整合周边区域产业，形成以高铁为纽带的城市群，或将是新型城镇化的理想模式。以山西省为例，大西高铁南北纵贯，且县县设站，对南北狭长的山西而言，高铁俨然一条中轴，若把周边 100 km 划为“势力范围”，高铁将至少覆盖全省半数以上的人口和土地面积，各类生产要素的可达性，将因此而发生质的飞跃。城市固然意味着非农业人口的高密度聚集，但从经济学意义讲，城市首先是经济要素在地理上的大规模集中，大西高铁的开通，使沿线聚集效应彰显，沿高铁线路布局新型城镇，如同农业时代沿陆路走廊和内河航线布局城市一样顺理成章。同时，大西线与石太线交汇点上的省会太原，因为速度提升引发空间压缩效应，其聚合能力与辐射能力将作用于周边更为广阔的区域，在高铁助推下，实现城市外延式拓展、经济横向延伸，是千载难逢的历史机遇。在山西省“一核一圈三群”的城镇化总体布局中，“一核”“一圈”均围绕高铁交汇点谋篇，孝汾平介灵城镇组群和汾河经济带两个“群”均沿大西线落子，可谓城镇化战略与高铁网络主动接驳，实现了共荣融入。

3.1.3　改善环境节能减排

高速铁路的开通运营对我国社会经济的发展起到了极大的促进作用，高铁列车及动车组技术的创新发展在节能减排方面起到了良好的示范作用。具体主要体现在三个方面：首先，它快速地提升了铁路电气化水平，优化了铁路能耗结构，实现了铁路大面积的“以电代油”，降低了对石油的依赖；其次，高铁技术有力地提升了铁路行业的节能减排效应，形成了绿色环保的交通大动脉；再次，铁路能耗结构调整和优化不仅对其他交通运输方式产生了良好的示范作用，而且对我国整体能耗结构调整有着重要的启示作用，即在能耗结构整体调整难以突破的情况下，可先从某一或某几个行业实施局部性突破；最后带动整个国家能耗结构的转变。

（1）优化能耗结构

高速铁路全部使用电力牵引，它的投入运营使得我国铁路电气化率有了很大幅度的提升。同时，高速铁路优化了铁路能耗。铁路牵引能耗主要集中在机车上，因此机车结构的优化会对能耗结构的优化产生直接影响。高速铁路由于列车速度快、开车密度大，因而动车组（或电力机车）使用频率高。一条等长的高速铁路相当于普通铁路数倍的机车使用量，大大提高了电能在整个铁路能源使用中的比重。我国高速铁路创新发展，优化能耗结构，由以煤为主转变为以电为主。“以电代油”技术依靠电力牵引和再生制动，能源消耗量极大地减少，降低了对石油资源的依赖，是发展低碳经济的首选。

调整能耗结构在短期内可以突破的最有效手段是提高电能在能耗结构中的比重和能效。从长期来看，它还可以促进其他清洁能源的发展，如天然气、太阳能、生物质能的发展，进而推动交通运输工具更多地使用这些清洁能源，从而提高这些能源消耗的比重，优化能耗结构。随着世界经济的快速发展，石油成为主导世界的能源。但是石油属于不可再生能源，随着石油资源的消耗和匮乏，调整能源消费结构、降低对石油的依赖度成为经济可持续发展的重中之重。不同于汽车、飞机等普通交通工具通过燃烧石油产生动力，高铁完全采用电力牵引，不消耗石油等不可再生能源，与其他高度依赖石油能源的交通运输方式相比，有很强的可持续发展优势。目前大量使用电气化高铁已成为世界铁路发展的共识，世界各国都在交通行业积极推广“以电代油”技术，效仿高铁以电力机车作为牵引动力，提升铁路整体电气化水平。高速铁路的发展，对整个交通运输结构及能耗结构产生了积极影响。一方面，高速铁路需要综合交通枢纽与之配套，这样才能迅速分流乘客，而其中最有效的工具就是城市地铁。因此，高速铁路促进了城市地铁的发展，而地铁同样是依靠电力牵引，这样就提高了电能在整个交通用能中的比重；另一方面，高速铁路的“以电代油”工程为道路交通提供了良好的示范作用。

此外，动车组编组使电力牵引高铁列车的节能效果更加明显。动车组编组客车比普通铁路客车轻至少三分之一，以时速 350 km 的“和谐号”动车组为代表的高铁列车，总功率为 8 800 kW，人均 15 kW，京津路段单程每个旅客人均耗能只有 7.5 kW，是能耗最少的地面运输方式。

（2）低碳减排效应

我国土地资源有限，耕地、林地、草地等占地比例分别为 12.8%、24.83%及 26%，而交通运输用地仅约 0.26%，土地资源、经济发展与运输能力之间产生了矛盾，因此我国需要大力开展铁路建设，大规模建造新线高速铁路及提高既有线铁路运行速度。在进行铁路建设的同时，也需要关注环保问题，提倡更加环保的出行及运输方式。相比其他运输方式，铁路能耗低、排放率低、土地占用效率相对较高，铁路平均每人百公里的能耗是 5.2 kW·h，分别是飞机与汽车的 1/5 和 1/4。在环保方面，高铁动车采用电力牵引，有效降低了粉尘等污染物的排放，铁路内燃机车污染物排放量极少，而电动机车为零排放。

随着全球变暖等环境问题的加剧，碳排放成为全球最关心的环保问题之一，而高铁在低碳排放方面相较于其他交通运输方式具有明显的优势。法国科学家奥莱利亚通过对高铁建设中的碳足迹进行跟踪检测得知，高速铁路人均每公里的二氧化碳排放量仅为 4 kg，只有飞机的 15%和汽车的 25%。高铁虽然在建设期中会产生一定的碳排放，但是只要运行 8 年，就能抵消高铁建设中造成的总碳排放量。例如，相关专家研究表明，若将现在以巴士运营的香港跨境段路程替换成高铁行驶，能减少约 4 700 t 的二氧化碳排放。单位 GDP 二氧化碳排放量如图 3－2 所示。

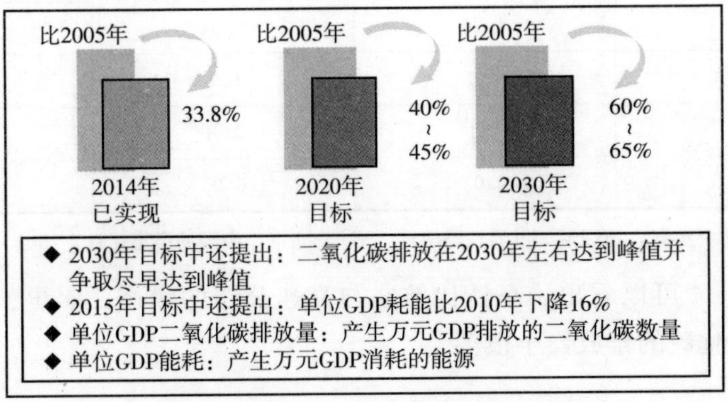

图 3－2　单位 GDP 二氧化碳排放量

结合图 3－3 可以看出，单位 GDP 二氧化碳排放量同比降幅在“十一五”期间较为明显。

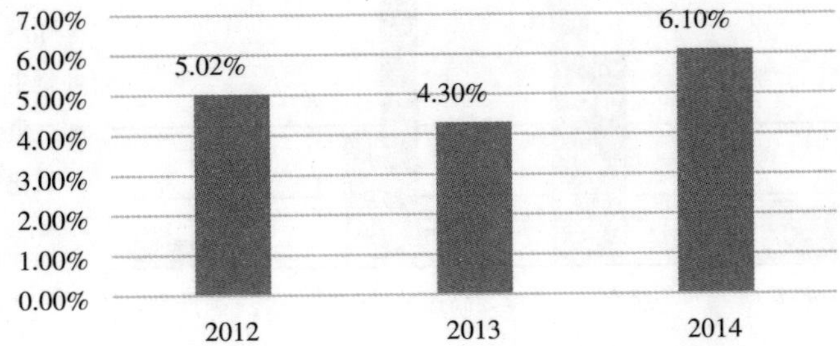

图 3－3　单位 GDP 二氧化碳排放量同比降幅

数据来源：国家发改委《中国应对气候变化的政策与行动年度报告》

“以电代油”技术除了降低能耗和减少碳排放的优点外，因为以电力作为动力，避免了高铁在行驶过程中燃烧石油产生二氧化碳、一氧化碳、粉尘、煤烟和二氧化硫等污染物，所以也避免了对沿途植被和建筑物产生负面影响。一架喷气式客机通常平均每小时排放 634 kg 一氧化碳、46.7 kg 二氧化碳，不仅造成了空气污染，而且造成的酸雨也会侵蚀沿途生态环境和城市建筑。而高铁的运行对空气几乎没有污染，是一种清洁的运输方式。表 3－1 是不同交通运输方式对环境污染一览表。

表 3－1　不同交通运输方式对环境污染一览表

单位：g/（人·km）

排放物质	道路运输	航空运输	高铁运输
CO	1.26	0.51	0.003
NO_x	0.25	0.7	0.1
CO_2	111	158	28
SO_2	0.03	0.05	0.01

资料来源：乔英忍，曹国炳．世界铁路综览［M］．北京：中国铁道出版社，2001.

从图 3－4 可以看出，高铁比航空与高速公路的噪声、飘尘、二氧化碳、氧化氮、氧化硫的排放要小很多。

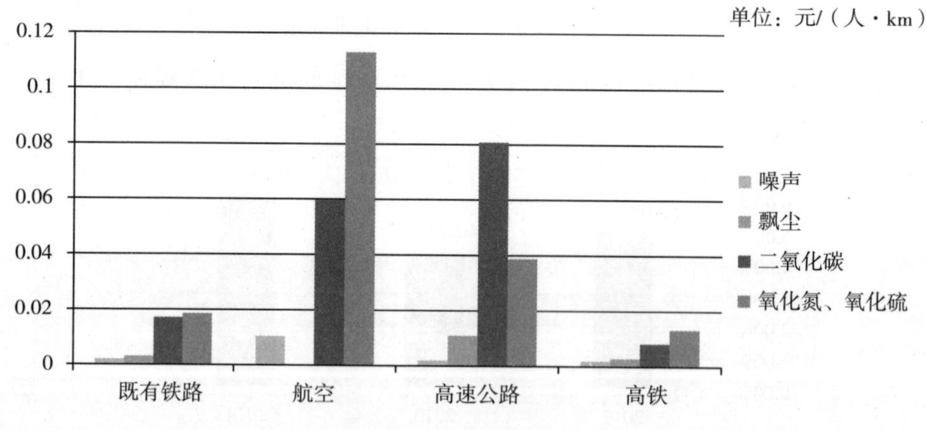

图 3－4　各种运输方式的环境社会成本

另外，高铁车站通过玻璃穹顶，利用自然光照明、采用太阳能光伏发电技术、热电冷三联供和污水源热泵技术，实现能源的梯级利用，减少了碳排放。同时，高速列车全部安装了真空式集便装置，实现了污物、污水集中收集和垃圾零排放。

(3) 其他环保效应

在节约土地方面，高速铁路所占用的土地与空间大约为同能力公路的一半。以京沪高铁为例，京沪高铁桥梁占比达到 80%，与传统路基相比少用土地 3 万亩。

在噪声防护方面，高速铁路由于通过领先技术采取了噪声环保防护措施，即使在高于普通铁路两倍速运行的情况下，仍能达到甚至高于普通铁路的噪声控制标准。除了本身产生的噪声小以外，高速铁路还采用了众多保障措施来进一步降低列车运行时产生的振动和噪声污染，如声屏障、无砟轨道等。以和谐号 CRH380A 为例，当和谐号 CRH380A 以时速 300 km 运行时其噪声为 65 dB，相比其他交通工具，这个数值是比较低的。波音 747-300 起飞时在跑道中心延长线上距起飞滑跑开始点 650 m 处测量的噪声约为 87.7 dB，小汽车在高速公路上以 120 km 的时速行驶时的噪声为 76 dB。

3.1.4　助推产业结构调整

产业布局指的是一个国家或地区的产业生产力在一定范围的空间分布和组合结构，在一定程度上会影响该国或地区经济优势的发挥及经济的发展速度。虽然产业布局是诸多因素综合影响的产物，但区位因素是起决定性作用的关键要素。

以沪杭高铁为例。上海是长三角地区的核心城市，杭州是区域性中心城市，沪杭两地间还有余杭、桐乡、海宁、嘉善、嘉兴等数十个中小城市和小城镇，纵横交错的网状交通路线和其他基础设施将这些城市与城镇串在一起。1909 年，沪杭铁路正式通车，促进了上海与杭州间的经济交流。21 世纪初，沪杭高速公路建成通车，2010 年 10 月，沪杭高铁贯通营运，在很大程度上推动了经济最活跃、人口最稠密、交流最频繁的长三角核心地带发展成为沪杭高铁经济带。2010—2014 年，沪杭高铁沿线经济带主要城市 GDP 的发展情况如图 3-5所示。

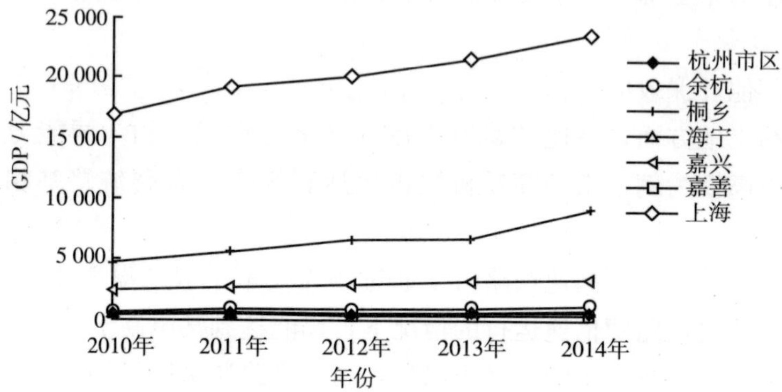

图 3-5　2010—2014 年沪杭高铁沿线主要城市 GDP 的变化

2010—2014 年，沪杭高铁经济带主要城市三大产业比值的变化见表 3-2。

表 3-2　2010—2014 年沪杭高铁经济带主要城市三大产业比值的变化

城市	2010 年	2011 年	2012 年	2013 年	2014 年
杭州市区	2.03∶46.16∶51.82	1.89∶44.7∶53.42	1.82∶43.03∶55.15	1.7∶42.72∶55.57	3.0∶ 41.9∶ 55.1
余杭	6.0∶54.0∶40.0	5.9∶52.5∶41.6	5.7∶49.7∶44.6	5.0∶46.6∶48.4	4.1∶40.2∶55.7
桐乡	6.0∶55.7∶38.3	5.9∶54.9∶39.2	6.1∶53.1∶40.9	5.8∶51.7∶42.5	4.8∶52.2∶43.0
海宁	4.64∶61.37∶33.99	4.68∶60.17∶35.15	4.2∶59.0∶ 36.8	4.0∶57.5∶38.5	3.7∶57.4∶38.9
嘉兴	5.5∶38.5∶36	5.3∶57.5∶37.2	5.2∶55.5∶39.3	4.9∶54.9∶40.2	4.3∶54.1∶41.6
嘉善	7.5∶59.6∶32.9	7.3∶59.0∶33.7	6.9∶57.6∶35.5	6.6∶57.1∶36.3	5.8∶57.7∶36.5
上海	0.67∶42.32∶57.01	0.65∶41.47∶57.89	0.64∶ 39.36∶60	0.6∶37.14∶62.24	0.53∶34.65∶64.82

根据沪杭高铁经济带主要城市 GDP 的发展情况与各城市三大产业比值的变化情况可以看出，城市能级与该城市到上海、杭州的距离成正比例关系。也就是说，距离上海、杭州越近，城市能级就越高，经济总量和服务业所占比重也就越高。

从沪杭高铁经济带主要城市产业的分布情况可知，长期存在的产业同构状况已经有较明显的变化。高铁沿线各中小城市的产业布局，一方面体现了特色优势，另一方面也受到中心城市的辐射影响，从而涌现出了高端制造业和新兴服务业，如表3-3所示。

表3-3　沪杭高铁沿线城市的重点产业和新兴战略性产业

城市	重点产业	新兴战略性产业
杭州	文化创意、旅游休闲、金融服务、电子商务、信息软件、先进装备制造业、物联网、生物医药、节能环保、新能源十大产业	在推动十大产业加快发展的基础上，启动实施以发展信息经济、推进智慧应用等为主要内容的“一号工程”
余杭	电子商务、信息软件、文化创意、生物医药、旅游休闲、节能环保、物联网、金融服务、先进装备制造等产业	高端装备、生物经济、新材料等产业
桐乡	纺织、化纤、建材、皮革皮草等传统优势产业	新能源、新特材料、机械制造、电子信息、文化创意、现代物流、总部经济
海宁	皮革、纺织和装备制造，电子信息和五金机电	影视和文化创意等产业
嘉兴	先进制造业（高端装备制造、高端新材料、新一代电子信息和新型节能环保等产业），服务业（现代物流、专业市场、金融服务、总部经济、研发设计、物联网、商务会展）	高端装备制造、新材料、新能源
嘉善	木业、精密机械和高铁紧固件业、电子信息	现代物流、电子商务和文化创意等现代服务业
上海	电子信息产品制造业、汽车制造业、石油化工及精细化工制造业、精品钢材制造业、成套设备制造业、生物医药制造业六大重点工业行业	节能环保、新一代信息技术、生物医药、高端装备、新能源、新材料和新能源汽车、大飞机、新型显示、高端医疗器械、光刻机、电子商务、现代航运服务业、金融业、信息传输计算机服务和软件业

除此之外，我国高铁创新发展还有利于带动相关产业发展，相对于我国制造业创新贡献不足、生产效率不高、依附于全球产业链低端等现状，高铁的发展是全产业链自主创新，将有利于我国制造业的转型升级，进而实现新兴产业整体技术水平的提升并逐渐摆脱依附型经济发展方式。

3.2 高铁列车及动车组创新发展的政策意义

3.2.1 助推供给侧改革

习近平同志在党的十九大报告中指出，中国社会主要矛盾已经转化为人民日益增长的美好生活需要和不平衡不充分的发展之间的矛盾。随着我国国民经济水平的提高，人们因工作、旅行等出行需求日益增多，出行要求也随之提高，我国高铁列车及动车组的创新发展很好地满足了乘客诉求。

作为交通运输行业建设交通强国的重要环节，高铁列车及动车组的供给侧改革要力图实现“一降两提高”，即降低物流成本，提高运输效率，提高服务品质。

现阶段我国既有高铁列车及动车组因采用固定编组，弊端重重。一方面，既有动车组维修时间长，备用车成本高。以更换车头挡风玻璃为例，因既有动车组采用固定编组，更换期间整列动车组无法运营，那么就需动用备用车，从而造成成本增加。另一方面，既有动车组不能灵活应对客流变动。我国幅员辽阔，中西部和东部沿海地区、春运期间和平时，客流差异明显，采用固定编组列车无法增加车厢以应对客流高峰，也无法减少车厢以避免冗余支出和运力浪费。

目前，中国中车股份有限公司研发的新型可变编组动车组及其工业化平台正式下线，其可变编组及统一工业化平台的创新理念能够有效实现可变编组，大大降低了机车检备率和研发制造费用，提高了成本效益。同时，新型可变编组还实现了车厢车体的创新设计，纵向卧铺、座卧两用等设计大大提升了乘客的乘车体验，从舒适性、安全性、私密性等方面全方位提升了服务品质，响应了供给侧改革“提质、降本、增效”的诉求，是践行供给侧改革的典型示范。

3.2.2　践行“三大转变”

中国特色社会主义进入新时代，我国经济发展也进入了新时代，基本特征就是我国经济已由高速增长阶段转向高质量发展阶段。围绕推动高质量发展，习近平在十九大报告中提出了推动经济发展质量变革、效率变革、动力变革的重大决策。习近平强调，“要推进中国制造向中国创造转变、中国速度向中国质量转变、制造大国向制造强国转变”。

不忘初心，牢记使命。创新是发展的第一动力，中国高铁列车及动车组是我国高端装备制造业的代表，应始终牢记使命，积极践行三大转变。在21世纪初期，我国积极学习并成功消化、吸收国外先进的高铁列车及动车组技术。历经十余年，在政产研协同创新的基础上，具有我国完全自主知识产权的中国标准动车组问世，标志着我国高铁列车及动车组实现原始创新，是中国制造向中国创造的积极转变。

与此同时，我国高铁列车及动车组为了让乘客有更好的乘车体验，不断砥砺奋进，实现了“复兴号”速度为350 km/h的成功安全运行，拿到了“雅万高铁”“中泰高铁”“中老高铁”等海外订单，使中国高铁列车及动车组走出国门，标志着我国高铁列车及动车组的发展逐步从“中国速度迈向中国质量”。目前，我国高铁列车及动车组技术享誉国内、走向海外，稳步实现从制造大国向制造强国的转变。

3.3.3　践行“五大发展理念”

创新、协调、绿色、开放、共享的五大发展理念是实现我国“十三五”既定发展目标、破解发展难题、厚植发展优势的理论指南，是“十三五”乃至更长时期我国发展思路、发展方向、发展着力点的集中体现。

中国高铁列车及动车组的创新发展也必须牢固树立创新、协调、绿色、开放、共享的五大发展理念，迎难而上，奋力攻坚，扎实研发，为推进行业供给侧改革做出更大的贡献。

创新是高铁列车及动车组发展的强大生命力。高铁列车及动车组要想实现技术领先，必须依托创新手段，这样才能在全球交通运输市场保持竞争优势。只有创新才能破除既有的制约铁路发展的瓶颈和障碍，才能不断激发铁路发展的新活力。

协调是高铁列车及动车组发展的内在要求。只有协调发展才能正确处理高铁列车及动车组创新发展中的重大关系；只有协调动作，政产研同步发展，才能不断提高高铁列车及动车组总体的技术实力和竞争力，不断增强铁路发展的整体性。

绿色是高铁列车及动车组实现长远发展的必要条件。铁路轨道交通本身就是一项非常环保的交通运输体系，但是在铁路建设过程中也出现了重复建设、浪费资源，也存在毁坏环境资源的现象。铁路发展建设一定要遵循绿色发展的理念，本着循环发展、低碳发展、清洁发展、低能耗发展的要求进行，铁路建设要根据路网计划提前规划，建设过程中本着不破坏自然资源、低消耗的原则进行，铁路运营过程中不断为人们提供优质生态产品，推进绿色的发展方式和生活方式，促进人与自然和谐共生。

开放是高铁列车及动车组发展的必经之路。高铁列车及动车组之所以取得今天的发展成果，同样离不开其他行业的配合，也需要在融汇世界其他国家发展经验的基础上，消化、吸收、自主创新。因此，高铁列车及动车组坚持开放共赢的格局尤为必要。

共享是高铁列车及动车组创新发展的出发点和落脚点。创新发展旨在为人民提供便捷的出行方式、舒适的旅行环境，让人们享受铁路发展带来的成果，为人民增福祉。因此，新时期高铁列车及动车组的创新发展要始终贯彻五大发展理念。全面建设小康社会的蓝图已经绘成，民族振兴的号角已经吹响，铁路作为我国发展的交通基础，要以五大发展理念引领铁路发展战略，切实担当起历史的责任。

第 4 章
高铁列车创新发展的沿革

高速铁路的创新发展具有积极显著的社会效益，能够起到大力推动沿线经济的发展、优化空间结构布局等积极作用。同时，高速铁路也是我国交通运输业供给侧改革深化过程中的重要环节。

4.1 国外高铁列车的创新发展沿革

国外高速铁路及高铁列车的发展起步早，技术水平呈现出百花齐放之势。其中，日本、法国和德国的发展最为瞩目。随着全球经济一体化的进程加快，世界各国对交通网络化及现代化的需求愈加强烈，日益重视高速铁路创新，这对我国高铁列车践行创新发展具有借鉴意义。

4.1.1 国外高铁列车创新发展的历程

19 世纪初，铁路最早出现于英国，成为人类文明史上首个公共交通工具。作为陆路交通运输的主力，铁路逐渐受到各国的普遍重视。随着铁路技术的日臻成熟，1964 年 10 月，世界上第一条高速铁路——日本东海道新干线诞生，这也标志着全球进入“交通革命”时代。20 世纪 70 年代，法国、意大利、德国、西班牙等国家陆续大力发展高速铁路，国外高速铁路迎来创新发展的繁荣。然而，各国高速铁路及高铁列车创新发展水平参差不齐，各具特色。

表 4－1 为世界高铁列车发展大事记，由表可见世界高铁列车发展主要以日本、法国和德国为代表。基于这三个国家的高速铁路发展状况，下面对世界各国高铁列车创新发展历程进行简要回顾。

表 4－1 世界高铁列车发展大事记

年 份	大事记
1964 年	世界首列高速列车在日本投入运行，速度为 210 km/h
1972 年	法国 TGV 高速列车试运行，速度为 317 km/h

续表

年 份	大事记
1981 年	TGV 列车在法国东南部正式投入运行，速度为 260 km/h
1985 年	德国开始进行高速列车试验，速度为 345 km/h
1986 年	德国、英国、比利时及荷兰决定联合修建高速铁路网
1988 年	德国 ICE 成为世界首列运行速度达到 400 km/h 的高速列车
1990 年	法国 TGV 运行速度创下世界纪录，达到 515.3 km/h
1991 年	德国 ICE 正式投入运行，速度为 250 km/h
1992 年	英吉利海峡高速铁路建成，运行速度为 300 km/h
1995 年	韩国汉城至釜山高速铁路开工，设计速度为 300 km/h

(1) 日本

日本是世界上最早运营高速铁路的国家，其高速铁路的创新发展走在世界前列。

1959 年，日本标准轨距的东海道高速新干线（东京至大阪）开工。

1964 年，东海道新干线投入商业性运营（速度为 210 km/h)。它的成功运营促进了其他高速干线（见表 4-2）的建设。

1979 年，日本东海道新干线最高速度达到 319 km/h，磁悬浮列车试验速度达到 517 km/h。

2006 年初，日本新干线高速铁路网由 6 条专用线组成，总里程为 2 175.2 km，同时包括“山形线”和“秋田线”两条改建线路。

表 4-2 日本高速铁路线

线 路	线路长度/km	开始运营时间	最高速度/（km/h)
东京—大阪（东海道线）	515.4	1964	270
大阪—博多（山阳线）	553.7	1972—1975（分阶段）	300
东京—盛冈—八户（东北线）	593.1	1982—2002（分阶段）	275
东京—新潟（上越线）	269.5	1982	275
高崎—长野（北陆线）	117.4	1997	260
新八代—鹿儿岛（九州线）	126.8	2004	260

（2）法国

法国是最早开通高速铁路的欧洲国家，在诸多技术参数方面一度是欧洲乃至世界建设高铁列车的标杆。法国高铁列车为全球高铁列车技术的发展与进步做出了巨大的贡献。

1971 年，法国“阿坤廷人”号列车在巴黎—波尔多线路上投入运营，速度为 200 km/h。同年，法国第一次召开关于“TGV”的政府部长联席会议。

1972 年，法国开始试验“TGV001”号高速列车，并且制造“Z7001”号试验车。

1973 年，燃汽轮车组在法国主要干线上运行。

1974 年，法国“航空列车”在奥尔良试验线上速度达到 430 km/h。“Z7001”号试验车速度为 306 km/h。鉴于能源危机，法国部长联席会议决定，在修建巴黎东南“TGV”高速新干线时，采用电力牵引。

1976 年，法国巴黎东南新干线开工。

1978 年，法国在阿尔萨斯首次采用 23001 型系列车组。

1981 年，法国东南高速新干线（TGV-SE）第一部分建成通车，最高记录速度为 380 km/h。

1983 年，法国巴黎东南新干线（TGV-SE）全线通车，使得从巴黎至里昂仅需 2 小时 30 分钟。

1984 年，法国大西洋新干线开工。

1985 年，法国东南新干线的电气化延伸到格拉诺布尔。

1986 年，法国向阿尔斯通公司订购第一批大西洋新干线高速列车组。

1987 年，法国政府终止了由国营铁路公司提出的北部高速列车计划（包括巴黎—里尔和横穿英吉利海峡的海底隧道计划）。

1989 年，法国大西洋高速新干线北部支线巴黎—孟斯投入运营。

1990 年，法国大西洋新干线的一个车组，创造了 515 km/h 的高速度（相当于 1950 年横跨大西洋的飞机速度）。“TGV”南部支线巴黎—图卢兹投入运营。

1993 年，法国“TGV”北线巴黎—里尔开通使用。

2001 年 5 月 26 日，TGV 列车在加米—马赛间创下运行速度为 317.5 km/h的世界纪录，最高运行速度曾达 366.6 km/h。

目前，法国高铁线路的这些线路称为 LGV 线，如表 4－3 所示。

表 4-3　法国高速铁路线

线　　路	线路长度/km	开始运营时间	最高速度/（km/h）
巴黎—里昂（LGV 东南线）	427	1981—1983	270
里昂—瓦朗斯（LGV 东南线）	83	1994	270
里昂环行线	38	1992	270
巴黎—勒芒/图尔（LGV 大西洋线）	282	1989—1990	300
巴黎—里尔—加莱/比利时边界（LGV 北欧线）	333	1993	320
巴黎环行线	104	1995	—
瓦朗斯—马赛—蒙彼利埃（LGV 线）	302	2001	300

（3）德国

德国是全球铁路技术最先进的国家之一。德国研发高速列车虽晚于日本（1964 年）、法国（1971 年），但其技术装备毫不逊色。

1965 年，德国铁路公司（DB），在慕尼黑—奥格斯堡线路上进行了一次 200 km/h 的试验。

1972 年，德国联邦议会决定成立关于磁悬浮技术的研究机构。

1977 年，德国 200 km/h 的高速列车在慕尼黑—奥格斯堡铁路上投入运营。

1980 年，德国开始研究城市间高速列车“ICE”。

1985 年，德国开始实施曼海姆—斯图加特、汉诺威—维尔茨堡高速铁路计划。

1988 年，德国的“ICE”创造了 406 km/h 的纪录。

1991 年，德国“ICE”投入商业性运营。

1994 年 3 月，经德国政府批准，同年 9 月 23 日德国议会通过修建汉堡—柏林全程为 284 km 的磁悬浮干线，估价 56 亿马克（约合 39 亿美元，不包括物价上涨）。该线最终于 2004 年完成，投入运营的高速单轨磁悬浮列车（TR）时速可达 300～500 km，其能耗仅为其他现代化高速列车的 30%。TR 运营成本比高速公路和普通铁路运输成本低得多。

德国高速铁路线如表 4-4 所示。

表 4-4 德国高速铁路线

线 路	线路长度/km	开始运营时间	最高速度/（km/h）
汉诺威—维尔茨堡	327	1988—1991	280
曼海姆—斯图加特	99	1991	280
柏林—汉诺威	264	1998	280
科隆—法兰克福	177	2002	300（330）

（4）其他国家

1970 年，意大利制订“狄尔第斯马”计划，并由部长联席会议评估后通过，开始建设罗马—佛罗伦萨高速铁路。

1974 年，第一次石油危机，美国在博布隆试验中心试验“Garrgg”车组，速度达到 430 km/h。

1975 年，意大利首次尝试电力牵引的高速列车。

1976 年，英国铁路（BR）在伦敦与布列斯特间开行速度为 200 km/h 的高速列车，以优化运输条件。

1977 年，意大利罗马—佛罗伦萨新干线第一区段铺通。

1978 年，英国“先锋号”试验车制造完成。

1992 年，西班牙高速列车“AVE”投入运营。

1994 年，海底隧道开通，该隧道横穿英吉利海峡，高速列车从巴黎直通伦敦。美国、韩国等也纷纷制订了高速铁路发展计划。

西班牙在高速铁路领域的试验被认为是最先进的试验之一。西班牙的高速铁路线如表 4-5 所示。

表 4-5 西班牙高速铁路线

线 路	线路长度/km	开始运营时间	最高速度/（km/h）
马德里—塞维利亚	471	1992	300
马德里—托莱多	74	2005	270
马德里—莱里达	481	2003—2005	200（350）
马德里—巴塞罗那	640	2008	300

此外，意大利高速铁路及高铁列车的创新发展也有条不紊，其高速铁路线如表 4-6 所示。

表 4-6　意大利高速铁路线

线　路	线路长度/km	开始运营时间	最高速度/（km/h）
罗马—佛罗伦萨	252	1977—1992（分阶段）	250
罗马—那波利（第一阶段）	186	1999—2005（分阶段）	300

综上所述，高速铁路及高铁列车创新发展已有超过一个世纪的历史。在这一伟大的历程中，人类在高速铁路方面的研究取得了诸多实质性的成果。现如今，它已在世界范围内快速发展，为各国人民带来了便利。

4.1.2　国外高铁列车创新发展的现状

21 世纪以来，高速铁路及高铁列车在社会经济发展中的基础性作用不断增强，世界各国逐渐形成以技术创新为导向的发展模式，尤其以信息技术和高速技术为龙头，推动了高速铁路系统整体技术的快速发展，不断为高速铁路注入新的活力。

（1）德国

城际特快列车（ICE）是以德国为中心的高速铁路系统专用列车系列，贯通德国全境及瑞士、法国、奥地利、比利时、荷兰、丹麦等欧洲国家，也是德国铁路网运行速度最快（为 320 km/h）、舒适度最高的火车。与传统铁路运输连年亏损的情况相反，自 1991 年 6 月开通以来，德国高速铁路以其高速、便捷、舒适等特性带来的乘客日益增多，高速铁路的营业利润也逐年增多，同时也拉动了莱茵至美茵、莱茵至内卡等高速铁路沿线经济圈的发展，为德国与其他欧洲邻国的经济联系和人员往来提供了便利。

除上述技术优势外，完善的运营系统也是德国高速铁路值得借鉴的地方。

首先，订票系统注重细节，信息一目了然。出行人员在订票时就可以完全了解列车的所有细节，而不是到火车站后才能了解，这大大降低了在火车站发生混乱和拥挤的概率。

其次，票价较为“亲民”。普通工薪阶层也可承受德国高速铁路的票价。同时，德国铁路还实施票价优惠政策，为频繁乘坐高速铁路列车的人员提供不同程度的折扣优惠，受到了极大欢迎。

再次，信任是基础，进站无须查票。德国的火车站未设置进站查票人员，乘客都是上车后自己找座位。列车运行途中会有工作人员检查车票，但也存在不查票的情形。若无票乘车被发现，将会面临严重的罚款，同时会留下不良信用记录。

然后，信息透明，补偿有据。一旦车体发生故障或天气状况较差，德国高速铁路会在第一时间解释清楚出行问题，使乘客心里有数，这样也能获得乘客最大限度的谅解。

依照德国2009年修订的《乘客权益保护法》：若火车晚点一个小时，乘客可以获得票价25%的退款；晚点两个小时及以上，最多可获得票价50%的退款；如果由于晚点造成乘客错过中转车次，即使只晚点几分钟，也可以寻求赔偿。若是在午夜12点至凌晨5点间抵达目的地或者是某条线路上的最后一班车次晚点超过一个小时，铁路公司将为乘客支付最高80欧元的出租车或者巴士费用；若由于列车晚点超过一小时导致乘客需寻找临时住宿地点过夜，铁路公司将免费为乘客提供旅馆住宿。

最后，车速控制合理，乘坐体验舒适。以德国ICE为例，列车设置了安静区，这个区域不能随便接打电话，大声喧哗更是被禁止。某些车厢还设有充电插座及无线网络，为乘客上网娱乐和移动办公创造条件。

值得注意的是，最近两年，德国高速铁路的发展并不顺利。私有化以前，德国铁路可谓是有口皆碑的“优等生”。列车进站的时间几乎做到了分秒不差，也几乎不曾发生火车事故。但到20世纪90年代后期，实行私有化改革之后，德国铁路一味追求利润，实行开源节流以创造更好的业绩，致使德国铁路晚点、事故等状况接连不断，现早已沦为“劣等生”。近几年来，哪怕碰到稍微恶劣一点的天气，列车运行都会乱作一团，甚至出现运行系统瘫痪的现象。据数据显示，2013年德国铁路因列车晚点或取消，共向乘客赔付总计超过4 000万欧元，创下德国此类赔偿的最高纪录。

上述现象的产生原因主要包括以下几个方面：第一，德国铁路对设备更新换代的资金投入力度远滞后于客运的发展力度，造成大量设备老旧失修。第二，列车司机时常由于劳资问题未解决而罢工，导致部分线路无法正常运行。

第三，某些地方运输企业在参与铁路的运营时，缺乏高效统一的资源调配，利益冲突的存在影响了铁路的正常运营。

（2）法国

根据法国交通部提供的资料，目前，法国以巴黎地区为辐射中心，将大西洋线、地中海线、北线、东线、东南延伸线等主要干线有机串联，构建成了贯穿全国的高速铁路网，总通车里程达 2 036 km。

鉴于法国高速铁路线路并非完全封闭，高速铁路与普通铁路之间可相互兼容，因此法国的高速铁路实际覆盖率极高，远大于全球诸多拥有高速铁路的国家。法国一开始设计高速铁路时，就充分考虑到了铁路间的兼容性、前瞻性与实用性，也赋予了这项技术较长的使用寿命，从而使其成为法国科技出口产品当之无愧的“拳头明星”。

考虑到高速铁路列车速度之快，通常看似无关紧要的安全隐患在此都可以无限放大。所以，法国高速铁路设计时需首先考量安全因素。即使到目前，法国铁路部门依然信奉“实践出真知”的真理，任何一条高速铁路线在正式建成开通前，都要经过为期一年的不载客试运营阶段。这也是法国高速铁路在运营的几十年时间里从未发生过恶性事故的原因。

法国许多城际线路同国内的京津等城际高速铁路线路类似，在每天的早晚高峰时段客流密度极大。高速铁路的开通使得每天往返于里尔与巴黎两座城市间（相距 220 余公里）的上班族，不到一个小时即可到达。法国的领土面积并不辽阔，高速铁路的出现进一步缩短了各城市间的距离，促进了区域经济均衡发展的实现，同时人们的生活方式与习惯也由此产生了变化。

现如今，伴随全球高速铁路市场的革新与发展，法国高速铁路在“走出去”的进程中，也要参与激烈的国际竞争。但在一些高速铁路项目竞标失败之后，法国国内也对此展开广泛讨论，开始反思本国的高速铁路技术是否已经走到了十字路口。

在法国专家、媒体看来，法国高速铁路近年来在海内外市场陷入低谷，与高速铁路体系僵化、缺乏技术创新有直接关系。在欧盟邻国正紧锣密鼓地推行新型高速铁路信号指引标准与铁路网络管理系统时，法国高速铁路迟迟未能加入其中。同时，由于缺乏有效规划，高速列车途中停靠站过多，客观上造成了列车整体运行速度与效率的下降，也无形中降低了对乘客的吸引力。2016 年 10 月，法国国家审计署发布了有关本国高速铁路的评测报告及对策，在报告中，审计署明确指出，由于缺乏对创新升级的重视，法国高速铁路在与西门子等老牌竞争对手竞争时已经处于下风。法国国家审计署的报告还显示，如今风光不再的法国高速铁路已陷入亏损的泥潭。在法国经济整体仍处于艰难复苏的态势下，法国高速铁路未来将如何完成艰难的自救与复兴还有待观察。当前，以部分法国高速铁路技术为指导蓝本的国内高速铁路虽正处于黄金发展期，但近几十年来陷入低谷的法国高速铁路无疑也为国内高速铁路的未来发展敲响了警钟。

(3) 英国

英国是世界上第一个拥有铁路的国家，也是全球最早引入高速铁路的国家之一。英国建立高速铁路系统始于20世纪70年代。

2000年后，英国高速铁路系统最重要的发展是出现了首条时速超过300 km的高速铁路——“一号高速铁路”。“一号高速铁路”的正式名称是英法海峡隧道连接铁路，全长约108 km，连接伦敦市区圣潘可拉斯车站和英法隧道英国出口处。

与此同时，在经历了长时间基础设施投资不足后，英国铁路系统在新千年后也开始了新一轮的升级和改造。随着2000—2005年庞巴迪尔等公司系列高速列车的引入，英国大量铁路线路运行时速提升到200 km。

2009年，英国铁路部门决定建立新的“城际特快计划”，以此来逐渐取代“城际列车125系列”等高速列车，以确保铁路系统实现更高的运力标准、能效标准和环保标准。

当前，英国国内最受关注的高速铁路项目无疑是“二号高速铁路”项目。该项目正式启动于2009年，设计时速高达400 km，超过欧洲所有高速列车。整个项目分为两期：一期大约140 km，连接伦敦和英国第二大城市伯明翰；二期包括两条线路，呈Y形，从伯明翰往北分别连接曼彻斯特和利兹。

不过英国交通运输部认为，“二号高速铁路”项目是应对国内铁路运输需求快速上升挑战的有效策略。当前，长期基础设施投资不足造成运力紧张和旅客拥挤现象日渐严重。这在英国西岸干线、东岸干线及中路干线上尤为突出。

英国政府预计，至2024年，“二号高速铁路”覆盖的伦敦至曼彻斯特地区铁路运输需求将上涨60%，不仅能够极大地提升客运运力，同时也能极大地缩减运行时间，提升运输效率。

“二号高速铁路”项目背后的经济作用也是英国政府重视和推动的主要考量。其中，英国最关注高速铁路本身对于改变英国经济地理分布、促进长期可持续发展和促进地区间平衡发展的战略价值和意义。

通过高速铁路建设，英国政府期望能够拉近英格兰北部城市与伦敦的距离，促进集中在伦敦的各类专业化资源更为便利地在英格兰地区传播；通过拉近北部城市群与伦敦和英格兰东南部地区的联系，进而实现北部市场与国际市场的对接。

英国数届政府都致力于解决南北发展差异问题，而高速铁路网无疑将为这一问题的解决提供契机。与此同时，英国政府也高度重视“二号高速铁路”项目建设对于当地就业的拉动作用，并强调单就首期从伦敦到西米德兰兹的项目就能解决超过 4 万人的就业。

毋庸置疑，新的高速铁路项目也将为高速铁路沿线居民带来极大的便利。新的高速铁路线路将吸收和分流此前过多依赖于东西岸和中路干线的旅客需求，这将减少英国火车客运系统的拥挤程度和整体运输压力。

(4) 美国

2015 年 1 月 6 日，美国首条高速铁路项目在加利福尼亚州动工。该项目全长约 1 287 km，从北部的萨克拉门托经旧金山，位于硅谷地区的圣何塞、洛杉矶等地最终到达最南端的美墨边境城市圣地亚哥，设计时速约 352 km，最高时速为 400 km。率先开工的是相对地广人稀的中部—梅塞德至福瑞斯诺路段中的从马德拉至福瑞斯诺的 46 km 部分。

2008 年金融危机爆发后，美国政府推出的经济复苏计划和刺激方案中，高速铁路建设项目被提上议事日程，一度使人们认为，美国高速铁路建设将迎来历史契机。2009 年 2 月，美国签署《美国复兴和再投资法》，确定从 7 870 亿美元经济刺激计划中拨出 80 亿美元专款建设高速铁路。2009 年 4 月，美国政府发表《美国高速铁路远景》，宣布连接全美各主要城市的高速铁路网方案，规划在全国建设 13 条高速铁路线路。

2011 年，美国政府表示未来在美国城市之间将会有闪亮的子弹头列车以 320 km 以上的时速疾驰穿行，未来要在 25 年内使 80% 的美国人能够利用高速铁路出行。美国政府认为，高速铁路建设不仅能对就业和经济效益产生重要的影响，而且将为美国新的基础设施扩张计划奠定最优的基础，从而促进社区发展，提供更节能便捷的交通方式，并在美国建立一个全新的产业。

然而，美国的高速铁路发展计划进展极为缓慢，主要原因有以下几个。

首先，政党纷争的加剧使美国高速铁路发展计划成为牺牲品。例如，2012 年 6 月美国副总统拜登宣布在 6 年内将花费 530 亿美元用于建设高速铁路；而共和党控制美国众议院后，又否决了拜登提出的计划，终止了对铁路建设拨款的计划。在美国发展高速铁路的计划里，得到联邦拨款最多的一个州是佛罗里达州。2011 年佛罗里达州州长换届后，又否决了该州的高速铁路建设计划，并把联邦政府 24 亿美元的拨款退回。随后俄亥俄州和威斯康星州也相继取消了高速铁路项目。

其次，资金来源存在巨大缺口。美国铁路主要是利用私人资本和依靠各州政府的支持才得以发展的，而且政府并不能将纳税人的钱用于对私人铁路的补贴。然而，建设高速铁路耗资巨大，美国私营领域投资者表示，如果美国政府不能明确支持或投入资金，他们不会大规模地投资高速铁路。美国对高速铁路建设资金的谨慎投入态度，直接影响其高速铁路的发展。

再次，美国城市人口分布不均，高速铁路建成后能否具有实现盈利的客流量饱受质疑。美国人口密度较低，乘客出发地和目的地高度分散，而且美国人选择航空和自驾车出行的习惯很难改变。

最后，环境评估和严格的法律约束使高速铁路建设缓慢。高速铁路建设需足够长的直轨及适当的斜轨，即要能够将铁轨铺设在最近最优的路线上。然而，在美国，大规模铺设铁轨需要进行更多的环境评估及购买更多的路权，否则将与房主、环境组织、对本地发展持反对态度的人等团体发生无尽的法律诉讼问题。

(5) 韩国

韩国是亚洲第二个修建高速铁路的国家，其第一条高速铁路线路开通于 2004 年 3 月，距今已有十几年的历史。高速铁路的开通深刻地改变了韩国民众的出行方式，对高速铁路沿线地区经济也起到了巨大的拉动作用。

高速铁路在韩国被称为 KTX，目前共有 4 条线路，包括京釜线、湖南线、首尔大邱市线和原州至江陵线，全长超过 1 000 km，从首尔到大田为主干线，大田以南分为四条支线，分别驶向釜山、晋州、木浦和丽水。

韩国当年修建高速铁路的动因主要有两个：一是国内严重的交通拥堵问

题；二是迫于公路交通发展对铁路造成的压力。20世纪80年代，韩国的汽车拥有量以17%的年增长率增长，交通拥堵问题日益凸显，连接首尔和釜山两大经济圈的路段尤其严重，首尔至釜山段铁路每天输送66%的韩国铁路乘客，铁路的客运运能受到极大挑战。

同时，道路拥堵问题使得该路段的运输成本不断增加，工业竞争力逐渐削弱。当时韩国的运输成本占GDP的比重为13.3%，已经高于其他发达国家。为此韩国政府决定建设自己的高速铁路，并用了12年时间修建了首条线路。

自KTX开通以来，客流量增长非常迅猛，开通两周累计客运量达100万人次，在142天达到1 000万人次，创下了当时高速铁路客运的世界纪录。

韩国民众选择高速铁路出行，一是出于其安全舒适，另一个重要因素就是票价合理。韩国政府在确定高速铁路票价时进行了反复研究，最后将高速铁路票价定为一般铁路票价的1.34倍和飞机票价的63%～72%；同时借鉴日本、法国的做法，采用"距离递减制"，走行里程越远，票价相应降低。为了扩大客源，韩国铁路公司还采用了多种打折办法。

随着对出行旅客吸引力的不断增强，高速铁路对由航空、高速公路、一般铁路、高速巴士构成的传统交通体系产生了巨大冲击。2004年开通后仅一年，首尔至釜山段高速铁路就取代了民航成为市场主导者，市场份额由2003年的38%上升到2005年的61%，相比之下，民航从42.2%下降到25%，同时KTX也超过了公路运输。2006年，首尔至大邱航空日均客流量从KTX开通前的4 000人下降到220人，首尔至釜山则从14 300人减少至7 360人。

而高速铁路带来的另一个重要变化是将韩国所有主要大城市都纳入首尔两小时都市经济圈之内。在这一时间的行程范围内，高速铁路与汽车和飞机相比具有更大的优势，因为与飞机相比高速铁路的乘车手续更为方便，受天气影响也较小，可以保证乘客的出行时间和出行计划不受影响。

高铁列车的运行大大刺激了韩国旅游业的发展，乘坐高铁列车旅游已经成为韩国居民周末休闲度假的主导旅行方式之一。以大邱市为例，KTX开通之后，原来一直客流不旺的大邱站，每天客流量猛增至1.2万人，2010年乘坐KTX到大邱的外国游客同比猛增34.2%，旅店客房入住率和百货店销售额随之直线上升。

高铁列车运行让旅游更加成为韩国百姓生活的一部分。2018 年，韩国接待外国游客约 1 534.7 万人次。2019 年到访韩国的外国游客预计达 1 750 万人次，创历史新高，相应旅游收入有望达 25.1 万亿韩元。

高铁列车运行对沿线地区经济的拉动作用更令人瞩目。全罗北道益山市工业园区长期进驻企业寥寥，处于停滞状态，高速铁路开通后一年，原来在首都圈的 22 家企业先后迁入园区，计划投资额达 1 068 亿韩元，将产生可观的拉动经济和扩大就业效应。忠清南道牙山市历来以农业为主，经济缺乏活力，高速铁路开通后三星与索尼合作，在该地区建立大型电子产品生产基地，计划投资 20 万亿韩元，预计吸收外来人口将超过 10 万人。位于韩国中部的天安市城市地价历来处于中下水平，占据高速铁路车站的“地利”之后，开发建设迅速升温，地价甚至升至韩国第二位。

目前，韩国高速铁路的建设并没有停步，连通首尔和江原道、庆尚北道和全罗南道的两条东西向高铁线路，以及江原道至庆尚北道的东海岸高速铁路线路正在设计和筹备之中。高速铁路将为韩国越来越多的地区铺设经济快速路。

（6）俄罗斯

近年来，高速铁路热潮在全球范围内再度升温，幅员辽阔的俄罗斯也对通过高速铁路技术实现本国铁路网的优化升级表现出了浓厚兴趣，并希望通过高速铁路项目有效改善劳动就业形势，加强区域经济联系。

目前，俄罗斯尚未开通高铁干线，只有莫斯科—圣彼得堡、圣彼得堡—芬兰赫尔辛基和莫斯科—下诺夫哥罗德 3 条在既有铁路上改造而成的动车线路。

由于莫斯科至圣彼得堡高速铁路项目被推迟，当前俄罗斯主推的高速铁路项目为规划中的莫斯科至喀山高速铁路，全长 770 km，途经莫斯科、弗拉基米尔州等 7 个联邦主体，设计最高行驶速度为 400 km/h。

项目在 2018 年建成后，从莫斯科到喀山的时间将由 11.5 h 缩短至 3.5 h。根据俄罗斯政府规划，未来还将修建喀山至叶卡捷琳堡段，拟将莫斯科与“乌拉尔之都”叶卡捷琳堡紧密联系起来，从而形成由莫斯科覆盖俄罗斯中部地区、乌拉尔及伏尔加河地区的 8 h 经济圈。

根据对莫斯科至圣彼得堡“游隼”号动车投入运营五年来的客流量分析，发现主要乘客为商务人士，因此俄罗斯高速铁路发展前景应基于这一现实，而在可以预见的二十年内，俄罗斯主要商务活动仍围绕在莫斯科附近。

面对高速铁路技术的吸引力和通过基础设施建设拉动经济的投资冲动，俄罗斯仍然表现出了“精打细算”的理性与智慧。一方面，积极吸引社会和外国资本。由于俄罗斯财政投入有限，俄罗斯高速铁路公司计划通过政府和投资者共同出资的方式来解决高速铁路融资困难。俄罗斯高速铁路公司将莫斯科至喀山高速铁路分为 4 个标段，其中莫斯科至弗拉基米尔州段由俄罗斯高速铁路公司和俄罗斯政府筹资建设，其资金来源包括国家福利基金和养老基金。余下 3 个标段将吸引外来投资或私人资本，投资者可以获得特许经营权。另一方面，俄罗斯国内学者呼吁高速铁路建设要根据本国国情量力而行，不要盲目上马。

4.1.3　国外高铁列车创新发展的体系

基于技术创新导向，日本、法国和德国等技术原创国家逐渐形成各具特色的高速铁路技术体系，具体体现在运输组织、线路轨道结构、牵引供电和接触网悬挂方式 4 个方面。

一是体现在运输组织方面。日本和法国的高速铁路为客运专线，德国高速铁路为客货混跑。日本新干线与既有线路不兼容，自成体系，运输指挥采用综合调度集中方式，只运行不同速度的高速列车。法国高速铁路和既有线路相互衔接，运输指挥采用分级调度方式，高速列车可以在既有线路上运行，不允许普通列车在高速铁路上运行。德国高速铁路与既有线路客货兼容，采用分时混合运行方式，白天为高速列车运行时区，夜间为货物列车运行时区，高速列车可以下到既有线路按规定速度运行，也允许普通列车上到高速线路运行，调度方式与既有线一致。

二是体现为线路轨道结构方面。日本、德国大量采用无碴轨道，法国主要采用有碴轨道。

三是体现在牵引供电方面。日本、法国为 AT 供电方式，德国为直供方式。

四是体现在接触网悬挂方式方面。日本为复链，法国为简链，德国为弹链。在动车组方面，日本采用独立式动力分散型动车组，法国采用铰接式动力集中动车组，德国兼有独立式动力分散和动力集中 2 种动车组。

4.2　国内高铁列车的创新发展沿革

我国的高速铁路从 1999 年开始建设，经过 20 多年的发展和不断完善、改进，规模和运行速度都已经达到了世界比较高的水平。我国高速铁路技术具有装备先进、安全可靠、兼容性好、性价比高等综合优势，总体技术水平已步入世界先进行列。随着我国经济的不断发展，大力推进高速铁路创新发展和建设，符合我国国际和国内的发展要求。世界高速铁路完整的技术体系为我国高速铁路及高铁列车创新发展提供了宝贵经验，很大程度上促进了我国高速铁路及高铁列车的创新发展。

4.2.1　国内高铁列车创新发展的历程

审慎回顾我国高速铁路创新发展历程，是在下一个更为艰巨的阶段形成高速铁路国内国际联动的可持续发展目标的科学保障。总体而言，我国高速铁路创新发展始于 20 世纪 80 年代末，共经历 5 个阶段。

第一个阶段是基础技术准备阶段（20 世纪 80 年代末至 1993 年）。这个阶段主要是在跟踪学习世界高速铁路先进技术的同时，开展高速铁路基础性技术研究。1993 年，国家科委、国家计委、经贸委、体改委及铁道部联合开展“京沪高速铁路重大技术经济问题前期研究”，为高速铁路发展做了初步的技术准备。研究报告指出，中国需要发展高速铁路，也有能力建设高速铁路。

第二个阶段是工程技术研究阶段（1994—1997 年）。1995 年铁道部成立京沪高速铁路建设办公室，全面开展高速铁路重大技术研究。1997 年完成京沪高速铁路预可行性研究，向国家报送了《新建北京至上海高速铁路项目建议书》。

第三个阶段是深化技术研究阶段（1998—2002 年）。1998 年，国务院总理朱镕基在中国科学院和中国工程院两院院士大会上提出“京沪高速铁路是否可以采用磁悬浮技术”的问题，希望能在新技术领域采取跨越式发展，实现技术的换代发展。在反复论证的基础上，铁道部坚持在京沪高速铁路上采用轮轨技术体系。理论与实践的发展和融合，使高速铁路不断改进和完善。

第四个阶段是重大技术突破阶段（2003—2007 年）。该阶段以技术引进及引进技术的本土化适应与国产化改造为中心进行一系列研究。2003 年 10 月 12 日，我国开通首个高速客运铁路线——秦沈客运专线。该专线是从长春开往北京的 T60 次列车，这条客运专线的开通标志着我国从此进入了高速铁路建设时代。2004 年国务院审议通过了《中长期铁路网规划》，描绘出 21 世纪头 20 年铁路发展蓝图：一是建设规模大、标准高。2004 年规划里程为 1.2×10^4 km 以上，2008 年调整为 1.6×10^4 km，主要干线铁路按照 300～350 km/h 的速度等级建设。二是突出“四纵四横”客运大通道。按照运输大通道理论，客运主通道运输强度大、运输距离长、汇集和辐射范围广，在铁路客运网中起骨架作用，因而研究确定“四纵四横”高速铁路为我国高速铁路网主骨架。三是加强区域间联系，建设跨区域的客运大通道。四是建设城际铁路，特别是在比较发达的城市群。五是构建综合交通枢纽。从高速铁路的发展来看，中国高速铁路发展大大超出了预期。

从 2004 年开始引进高速铁路技术，我国先后经历了整机进口、零部件进口、国内组装、技术消化、提高国产化率的过程。在引进技术后又加快了工程实践和在吸收基础上实现再创新的进程，降低了引进成本。在这一阶段，我国在高速列车技术、工程建造技术、系统集成技术、运营维护技术上均取得了突破性进展，初步形成了中国高速铁路技术体系。

第五个阶段是实现跨越发展阶段（2008 年至今）。2008 年第一条正式的高速铁路——“京津城际”开通运营，至此高速铁路才正式进入人们的视线。我们在设计制造、产品制造、运营管理等高速铁路建设方面，取得了举世瞩目的成就，已经从“跟随”“陪跑”阶段进入“领跑”阶段。最近几年，我国铁路保持快速的发展，特别是在高速铁路建设方面，取得了重大成就。自铁道部体制改革以来，高速铁路进入了另一个发展阶段，逐渐从国内市场向国外市场发展。我国的高速铁路系统项目建设雄心勃勃，计划兴建 25 000 km 的高速铁路，火车的正常速度达到 350 km/h。我国在 2009 年对高速铁路系统投资了

500 亿美元，高速铁路系统的总建设成本为 3 000 亿美元。2020 年至未来我国将大幅度降低高速铁路网络中北京到每个省会城市的铁路运输时间。

4.2.2　国内高铁列车创新发展的现状

2007 年，中国首列国产化时速 300 km 动车组下线；2010 年，京沪高铁创下时速 486.1 km 的世界纪录；2016 年，中国标准动车组“金凤凰”和“蓝海豚”各以超过 420 km 的时速交会而行，这些无不体现中国高速铁路在不断寻求突破。近年来，我国进行了大规模的铁路建设，高速铁路行业快速发展。图 4－6 列示了 2003—2017 年我国高速铁路运营里程情况。

图 4－1　2003—2017 年我国高速铁路运营里程情况

（数据来源：中国轨道交通网）

根据相关资料，2019 年末，我国高速铁路运营总里程达 3.5 万 km，同比增长 20.7%，位列世界第一，动车组列车数量为 29 319 辆，同比增长 12.6%。然而，发展中也存在后续完善的问题。一方面，在铁路建设布局方面，我国区域建设差距明显，中部和东部铁路网络建设完善，西北部地区较为落后，对我国全面小康社会的建设及区域协调发展不利。另一方面，我国经济增速进入新常态，铁路的发展还不能完全满足我国经济发展所需要的运输能力，还需要大力推动我国高速铁路及高铁列车建设。

另外，速度无疑是高速铁路动车组技术最直观的体现。2004—2005 年，由铁道部组织招标引进了 200 km/h、300 km/h 动车组技术。历经多年砥砺奋进，中国高速铁路动车组已实现质的飞跃，在规模和技术水平等多方面走在世界前列。2017 年 9 月 21 日，完全自主研发的“复兴号”中国标准动车组在京沪线上以 350 km/h 的速度运行，使我国成为世界上高速铁路商业运营速度最快的国家，也标志着我国在牵引、制动、网络控制系统等动车组技术领域实现了全面自主化。2003—2017 年我国高速铁路不同设计时速运营里程情况如图 4－2所示。

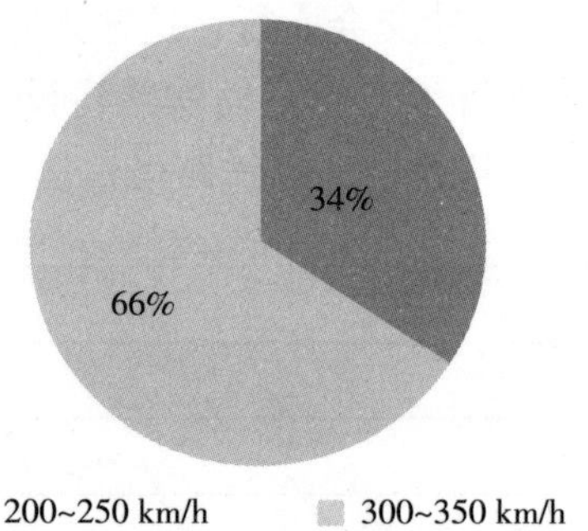

图 4－2　2003—2017 年我国高速铁路不同设计时速运营里程情况
（数据来源：中国轨道交通网）

如图 4－2 可见，设计时速为 200～250 km 的运营里程达到 19 240 km，占总里程的约 66％；而设计时速为 300～350 km 的运营里程为 10 032 km，约占 34％。近年来，由我国自主研发、具有完全自主知识产权的“复兴号”中国标准动车组向世界展示了我国高速铁路的实力。

目前，国内铁路行业也形成了包括中国中车、中国通号等骨干技术企业及铁科院、机车车辆研究院等科研单位的完整工业体系。技术水平上，通过六次大提速引进了多项国外先进技术，基本掌握了 160 km/h、200 km/h、300～380 km/h 等级车辆技术，在制动技术、控制技术及动车组制造等方面有了一定的积累并研制出“中华之星”“复兴号”等国产动车组。在人才储备方面，充实了人才队伍，包括多名院士、高级工程师及工程技术人员。

过去 10 多年里，我国高速铁路及高铁列车经历了一个飞跃式的发展。截至 2019 年底，运营总里程达 3.5 万 km，位居世界第一位。高速铁路动车组旅客发送量同比增长 14.1%，至 22.9 亿人次。2014—2017 年，全国铁路旅客发送量情况如图 4-3 所示。

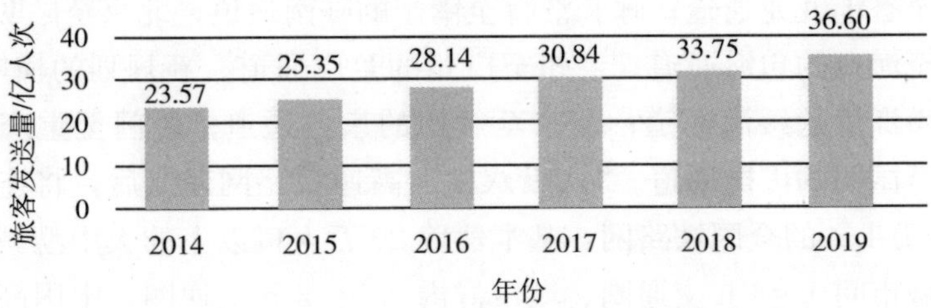

图 4-3　2014—2017 年全国铁路旅客发送量情况

（数据来源：根据公开资料整理）

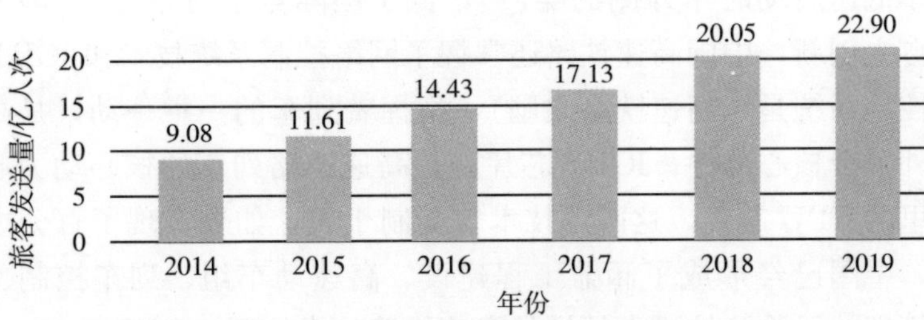

图 4-4　2014—2017 年全国铁路动车组旅客发送量情况

（数据来源：根据公开资料整理）

可见，2016 年，全国铁路旅客发送量为 28.14 亿人次，较 2015 年增长 11.0%；2016 年，全国铁路动车组旅客发送量 14.43 亿人次，较 2015 年增长 24.3%；2017 年，全国铁路动车组旅客发送量 30.84 亿人次，同比增长 9.6%。其中，全国动车组旅客发送量逐年递增，2017 年占全国铁路旅客发送量的 55.5%，具体如图 4-4 所示。

巨大的市场需求是中国高速铁路技术发展的最大动力。中国幅员辽阔、人口众多，资源分布及工业布局不平衡的现状使得高速铁路运输在各种运输方式中显现出优势，并在经济社会发展中发挥着重要作用。20 世纪末，铁道部认识到，旅客运输快速化是中国铁路发展的方向。铁道部在研究编制“十一五”规划时，正式将高速铁路纳入《中长期铁路网规划》。规划提出高速铁路网在综合客运网中发挥骨干作用，要在运力紧张的繁忙干线实现客货分线，在经济发达的人口稠密地区发展城际铁路，加强高速铁路同其他运输方式的协调与衔接。

2016年7月，国家《中长期铁路网规划》发布，在“四纵四横”的基础上打造“八纵八横”高速铁路网。新规划的纵向线路有：以雄安新区为重要枢纽的北京至香港九龙通道；呼和浩特至南宁的呼南通道；北京至昆明的京昆通道；包头至海口的包海通道；兰州至广州的兰广通道。新规划的横向线路有：绥芬河至满洲里的绥满通道；北京至兰州的京兰通道；厦门至重庆的厦渝通道；广州至昆明的广昆通道。“八纵八横”高速铁路网建成后，将连接起总里程超过20万km的全国铁路网，基本覆盖20万人口以上的大中型城市，实现相邻大中城市间1～4 h交通圈、城市群内0.5～2 h交通圈，中国高速铁路将迎来发展的新时代。

当前，通过技术创新，我国高速铁路牵引变流器的噪声控制在了76～78分贝（列车低速启动时车外侧的噪声），低于国际竞争对手的80多分贝。此外，通过自主创新，中国高速铁路还掌握了网络控制系统技术和IGBT芯片技术。网络控制系统是“高速铁路之脑”，指挥着列车的一举一动，是高速铁路列车的另外一个核心部件；IGBT芯片就是高速铁路列车的核心动力心脏，类似于手机里的CPU芯片。这两项技术曾受制于人，如今实现了百分之百国产化。目前，中国已经形成了涵盖工程建设、高速动车组、列车控制、牵引供电、运营管理、风险防控六大领域的高速铁路技术体系。

为了尽快实现先进技术装备的国产化，将引进的国外技术与国内企业联合作为基本技术路线，“和谐号”便是这种国外技术与国内企业联合设计生产出的中国高速铁路列车的统一命名。随着我国高速铁路技术的不断发展，“和谐号”自主创新含量越来越高。2016年，高铁列车及动车组技术实现了全面自主化和标准化。

同时，我国攻坚克难实现了复杂地形的高速铁路创新建设任务。以京沪高铁为例，京沪高铁线路通道贯穿北京、天津、河北、山东、安徽、江苏、上海四省三市，连接环渤海和长江三角洲两大经济区。京沪高铁线路的建设存在很多需要攻克的难题，主要表现在：京沪高铁线路跨越海河、黄河、淮河、长江四大水系，沿线存在区域地面沉降、软土和松软土、岩溶、煤矿采空区、地震液化和活动断裂带等复杂地质，区域沉降、松软土基础、岩溶地质、侵蚀性环境工点多，建设任务重。不仅如此，北京、天津、济南、南京、虹桥五大枢纽单项工程规模大，结构形式复杂，技术含量高，施工难度大，且位于大城市，外部环境影响因素多。所以，京沪高铁线路的修建遇到了许多我国高速铁路建设史上从没有遇到的新问题：连续梁桥和连续小刚构桥上铺设连续底座板式无砟轨道道岔问题，空间刚架、128 m提篮拱、168 m和180 m大跨连续梁、5跨80 m长联连续梁、4线96 m钢箱系杆拱、半径800 m曲线连续梁等特殊结构桥梁上铺设Ⅱ型板式无砟轨道问题，以及端刺设置问题。

因此，京沪高铁线路的建设集合了大量高新技术，全线采用具有中国自主知识产权的无砟轨道技术，施工精度要求高。在此基础上，我国科研人员还采用了基于GSM-R无线传输的列车控制系统和综合调度及信息化系统，实现了南京大胜关长江大桥、济南黄河大桥、淮河特大桥、阳澄湖大桥、蕴藻浜特大桥、五大站场枢纽工程、无砟轨道和无砟道岔、联合调试等重点工程的建设。可以看出，京沪高铁线路就是架设在桥梁上的“高空铁路”。也正是因为目前我国拥有位于世界前列的高速铁路桥梁领域的技术、结构及材料，才达到了复杂的地理环境对我国高速铁路提出的高标准和高要求。

4.2.3　国内高铁列车创新发展的体系

我国高速铁路创新发展体系由技术创新、平台创新、系统创新和运营模式创新组成，其中最重要的是技术创新。在技术创新方面，我国在分析总结引进高速铁路技术经验和教训的基础上，走出了一条新颖独特的“以我为主、博采众长、融合提炼、自成一家”的技术创新之路。在平台创新方面，可以支持持续自我提升的轨道交通装备产品设计开发平台的建立，使得在高端产品上的自主设计开发成为可能，在公司层面使得经营范围内的产品达到技术同进、资源共享；在系统创新方面，形成了集设计开发的流程、管理模式和组织体系于一体的专业化管理系统，并且该系统能够实现各环节的统一指挥且职责分明，能有效适应产品项目设计和技术的要求；在运营模式创新方面，实现了运营模式的多样化，比如总包模式，即由一个总承包商先承包高铁站的所有商业，然后再分包；分业态分批次公开招租模式，即根据市场情况及时调整价格；BOT运营模式，自主定价、提供个性化服务及增加多元经营收入。

高速铁路是当代高新技术创新的集成。我国铁路立足于提高自主创新能力，完善技术创新体系，推进关键装备自主化，形成了涵盖通信信号、牵引供电、工务工程、运用维修、信息系统、动车组六大领域的高速铁路技术体系。图 4－5是高速铁路的技术体系图。

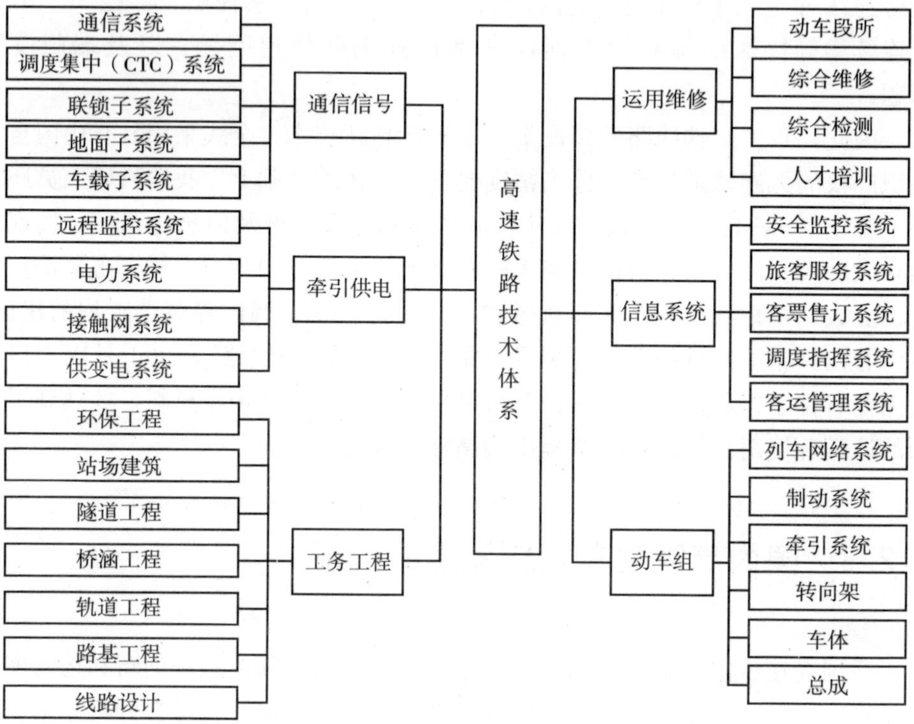

图 4－5　高速铁路的技术体系图

① 在高速铁路工务工程方面，我国攻克了一系列世界技术难题，系统掌握了高速铁路线路工程设计、施工、养护成套技术，采用基床和路基强化技术、无砟轨道、无缝道岔、跨区间超长无缝线路等，研发了具有自主知识产权的高速铁路 CRTSⅢ型板式无砟轨道，为高标准、高质量建造高速铁路提供了重要技术支撑。

② 在高速铁路动车组方面，我国成功研制了具有完全自主知识产权的中国标准动车组，在动车组关键技术上实现重要突破，在牵引、制动和网络等系统上实现完全自主编程，整车性能及关键系统技术均达到国际先进水平，具有运能大、能耗低、污染小、安全舒适等优势。

③ 在高速铁路通信信号方面，我国科研人员开展列控系统自主化研究，研

发了满足时速 200～250 km 运行要求的 CTCS-2 级列控系统和满足时速 300～350 km 运行要求的 CTCS-3 级列控系统，实现了最小列车追踪间隔 3～5 min。图 4-6 是 CTCS 系列调度中心的工作原理图。

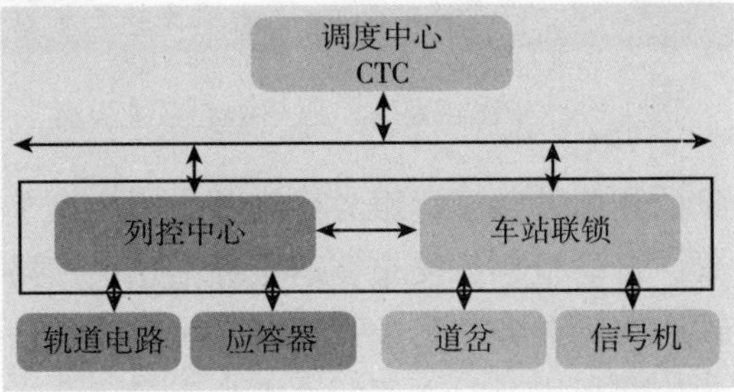

图 4-6　CTCS 系列调度中心的工作原理图

④ 在高速铁路牵引供电方面，我国研发了大张力接触网系统和牵引供电综合自动化系统，保证了高速运行条件下牵引供电系统的安全性和可靠性。大张力全补偿链型悬挂等接触网新技术的应用，实现了高速动车组重联双弓稳定受流，填补了世界高速铁路牵引供电技术的空白。图 4-7 展示了高速铁路牵引供电技术。

图 4-7　高速铁路牵引供电技术

⑤ 在高速铁路运用维修和信息系统方面，我国科研人员解决了动车组跨线运行、不同速度级动车组并线运行等调度难题，构建了高速铁路运营调度指挥体系，保证了高速铁路网有序高效运行。图 4-8 是中国铁路客户服务中心系统界面。

图 4-8　中国铁路客户服务中心系统界面

由我国自主研发的高速铁路客运服务系统首次应用始于京津城际铁路。该系统涵盖了自动售票、自动检票、发布客运服务信息、广播、导向、查询、求助等功能，实现了铁路客运业务的集中管理、系统融合、信息共享、联合操控和应急联动，能够为旅客提供及时方便的全方位服务。

这些技术的创新，从本质上解决了中国高速铁路建设发展过程中的重要难题。

综上，本章对国内外高速铁路及高铁列车创新发展的沿革进行了梳理，这将为后文更好地研究中国高铁列车及动车组的创新发展模式奠定基础。

第 5 章
动车组创新发展的沿革

动车组在为乘客带来位移服务的同时，也对我国经济及产业的发展产生了积极推动作用，同时也起到了优化区域空间布局等作用。在我国供给侧改革深化过程中，动车组的创新发展响应国家“一降两增”号召，成为我国高端制造业改革的示范。

5.1 国外动车组的创新发展沿革

世界高速列车起源于日本。第二次世界大战以后日本政府为了尽快恢复日本经济，特别是缓解东海道沿线地区运输压力，开始研发新干线项目。1964年，世界上第一列投入商业运营的高速列车0系新干线在日本东京站正式运营，该型列车最高运营时速达到200 km。到1990年，建设并投入运营的高速线路总里程达到3 198 km。在这期间，遍布全国的新干线网的主体结构在日本建成。这一成就不仅引起了世界的关注，同时也点燃了欧洲老牌铁路技术强国法、德等对高速铁路建设的热情。1981年，法国第一代高速列车TGV-PSE问世，该型列车作为法国第一代车型，其最高运营时速已经达到270 km。1991年，德国第一代高速列车ICE-I最高运营速度也达到了280 km/h。此外，西班牙、瑞典、比利时、意大利、韩国等通过技术引进也开始研发和生产符合自己国情的高速列车。在此期间，高速列车的运行速度也在不断地被刷新，从最初时速100 km到300 km再到350 km，2015年法国新型高速试验列车V150跑出了最高574.8 km/h的试验速度，至今未能被打破。高速铁路引发的热潮甚至传到了大洋洲、北美洲、亚洲及整个欧洲，形成了铁路交通领域的一场复兴运动。

德国的高速列车不仅满足自身的需要，还进行了系列化设计，出口到其他国家。因此，日本、德国、法国作为世界高速列车技术的引领者在世界高速列车领域中的地位举足轻重，它们的发展对于我国高速列车引进具有很重要的借鉴意义。

世界高速铁路发展至今，已经形成了以法国 TGV、德国 ICE 及日本新干线为主的国际高速铁路制造标准体系，并在各国得到了广泛应用。下面选取日本、法国、德国这三个国家的高速动车组进行对比研究。

5.1.1 日本动车组的创新发展

自从 1964 年建成世界上第一条商业运行高速铁路（新干线）以来，日本对其进行了多次重大技术改进和革新，平均时速早在 20 世纪 90 年代初就已经达到 230 km，在世界上独占鳌头。

日本新干线 0 系高速列车于 1964 年 10 月 1 日投入运营，它也是世界上第一条运营速度达到 200 km/h 的高速列车。该型列车到 2008 年退役一直保持着“0 人身事故”的神话。300 系新干线列车是 1992 年投入运营的，它是日本首款使用交流牵引电动机的载客新干线列车，其最高时速达到 270 km，应用于东海道—山阳新干线上。1997 年投入运营的 E2 系新干线列车，是为适应北陆新干线大坡道而开发的，列车加大了牵引电机功率，改善了高速运行时车内外噪声和微气压波等乘车环境。依据此款车型，日本又相继开发了 E2-1000、E3 和 E7 等车型，其中 E2-1000 车型也是我国 CRH2 型高速列车的原型车。1999 年投入运营的 700 系新干线列车，是在 300 系新干线列车基础上研发的，最高运营速度达到 285 km/h，其主要技术特点是：车体更轻、空气动力学设计更合理，采用 IGBT 逆变器，降低了噪声。日本在 2005 年设计出一款 FASTECH360 试验列车，设计该型列车的目的是在速度、环保性、可靠性和舒适性方面进一步提升。该列车最高试验速度达到 450 km/h，为新干线 E5、E6、E7 系列车的开发奠定了坚实的科学基础。日本动车组发展沿革如图 5 - 1 所示。

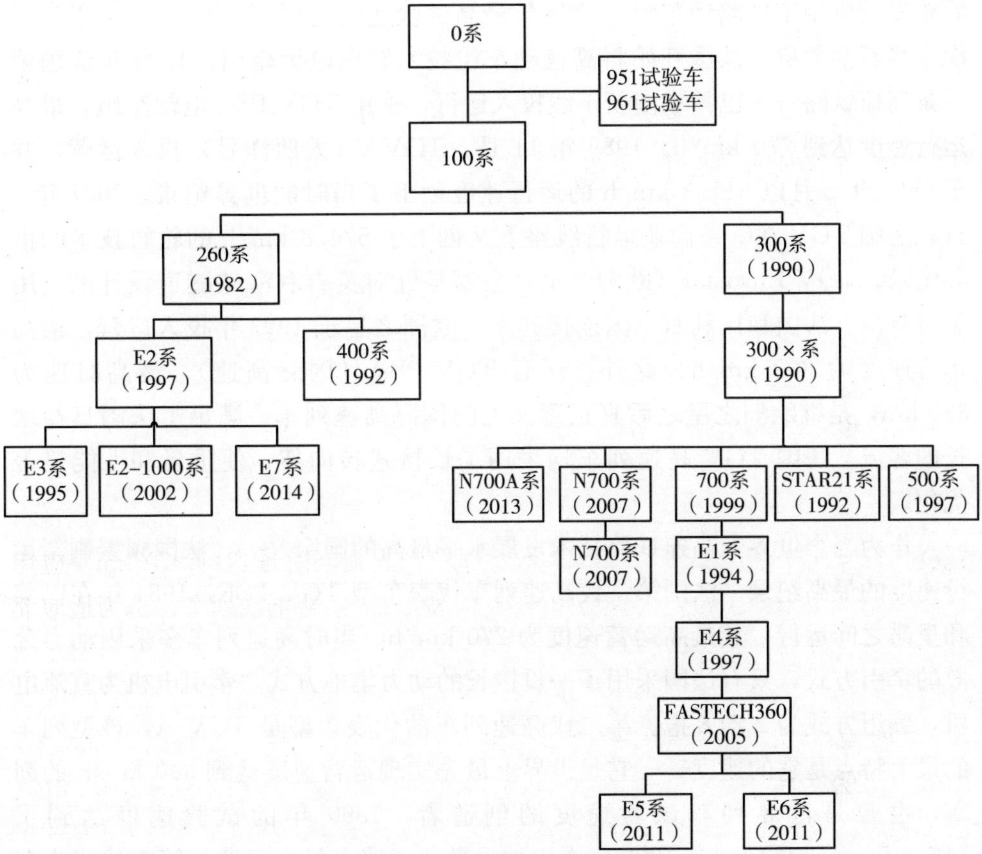

图 5-1　日本动车组发展沿革

5.1.2　法国动车组的创新发展

法国高速列车技术一直是世界高速列车的领跑者，其独树一帜的动力集中驱动方式不仅有别于其他国家，列车的试验速度也令世界瞩目。法国高速列车称为 TGV，主要是由阿尔斯通公司和法国国家铁路公司设计建造并由后者负责运营。

从1966年开始，法国国营铁路开始研发高速铁路，首先尝试把航空燃气涡轮发动机用于铁路动车组，1972年最高试验速度达到381 km/h。由于第一次世界石油危机，法国开始将高速动车组技术转向电力牵引。1983年法国第一条高速铁路——巴黎东南新干线投入运行，采用TGV-PSE电动车组，最高运行速度达到270 km/h。1989年11月，TGVA（大西洋号）投入运营，并于1990年5月以515.3 km/h的运行速度创下了当时的世界纪录。2007年4月，法国TGV在一条商业运行线路上又创下了574.8 km/h的轮轨技术的世界纪录。TGV Eurostar（欧洲之星）主要是针对英吉利海峡隧道设计的，用于将英国、法国和比利时三国连接起来。欧洲之星于1993年投入运营，最高运行速度为300 km/h。此外，还有TGV-PBA（国际高速），最高时速为320 km，是继欧洲之星之后真正意义上的国际高速列车，满足了法国日益增长的客流。法国TGV高速列车均采用了铰接式转向架，使重量和性能显著优化。

作为当今世界上高速铁路技术发展水平最高的国家之一，法国频繁刷新运行速度的最高纪录。法国第一代高速列车代表车型TGV-PSE，1981年在巴黎和里昂之间运行，其最高运营速度为270 km/h。当时高速列车多采用动力分散的牵引方式，只有法国采用了一贯擅长的动力集中方式，牵引电机为直流电机，编组方式为2动8拖。第二代高速列车的代表车型是TGV-A，该型列车的最大特点是它的速度——它是世界上最先实现运营速度达到300 km/h的列车，也曾是世界列车试验速度的创造者，1990年的试验速度达到了515.3 km/h。该型列车1990年在巴黎—勒芒线路上投入运营。第三代代表车型是TGV-2N，它是一款双层高速列车，最高运营速度为300 km/h，双层客车载客量比单层增容约45%，从而降低了运营成本。第四代车型是正在开发的AGV-150型，它不同于前三代的动力集中方式，采用了世界主流的动力分散方式，该型试验车在法国巴黎—斯特斯堡高速线上创造了574.8 km/h的世界地面交通最高速度纪录。这一速度超过了日本超导磁悬浮列车552 km/h的最高速度纪录，已可与小型飞机媲美，这也再次证明了法国高速铁路技术的先进性。

5.1.3　德国动车组的创新发展

德国铁路绝大部分是19世纪建成的，因此线路标准低、曲线多，限制了列车速度的提高。1980年，德国致力于改造既有铁路，以达到建成200 km/h的客货混运铁路快速网目标。但是由于德国政府财政投入不足，直到1991年才正式开通高铁线路。德国第一代高速列车是ICE-1型，1991年在乌兹堡—福尔兹线路上正式投入运营，最高运营时速为280 km，它是一款动力集中的高速列车，由两台机车带10～12节车组成。1997年，德国西门子公司开发了第二代高速列车ICE-2型，列车运行在柏林—汉诺威线路上，该型车与第一代ICE-1型性能基本相同，只是编组为ICE-1型的一半，采用一辆机车和七辆拖车的结构。2000年，第三代列车ICE-3型投入运营，它采用动力分散驱动方式，最高运营速度达到330 km/h，该型列车为多电流制式，不仅能够在德国本土使用，也可以满足欧洲其他国家电流要求，适用性较广。ICE-350E型列车是德国西门子公司为西班牙设计的高速列车，该型车是在ICE-3的基础上开发的，其功率有所提升，使得这款列车最高运营速度达到350 km/h，该型车于2010年应用于马德里—巴塞罗那线路上。

德国ICE以其速度高、功能完备、技术等级高、性能稳定、车辆总体布置结构合理、运用维护性好等诸多优点而闻名于世，其中的多项技术被许多国家广为引用或借鉴。德国ICE系列主要有ICE-1、ICE-2、ICE-3、ICE-T、ICE-TD等。ICE-1是德国ICE系列第一代高速列车，是1991年投入运营的动力集中型高速动车组，最高运营速度为280 km/h以上；ICE-2是德国于1997年投入运营的动力集中型高速动车组，ICE-2在ICE-1基础上进行了大量改善；ICE-3是2000年5月投入使用的动力分散式列车，最高设计速度达到330 km/h；ICE-T是德国1997年开发的动力分散型高速摆式电动车组，最高运营速度为230 km/h；ICE-TD是德国于1997年开发的动力分散型高速摆式内燃动车组，其最高运营速度为200 km/h。

5.2 国内动车组的创新发展沿革

5.2.1 国内动车组的创新发展历程

2004 年我国铁路部门展开了用于中国铁路第六次大提速的动车组技术引进招标工作，通过“引进、吸收、再创新”的技术指导路线，分别与加拿大庞巴迪、日本川崎重工、法国阿尔斯通及德国西门子签订技术转让协议和购买合同，由这几家国外公司分别向中国南车、中国北车旗下厂商全面转让关键技术，并在国内进行生产制造。通过十几年的不断开发和创新，中国高速列车已经发展成具有我国自主知识产权的高速列车系列产品。中国动车组发展沿革如图 5－2 所示。

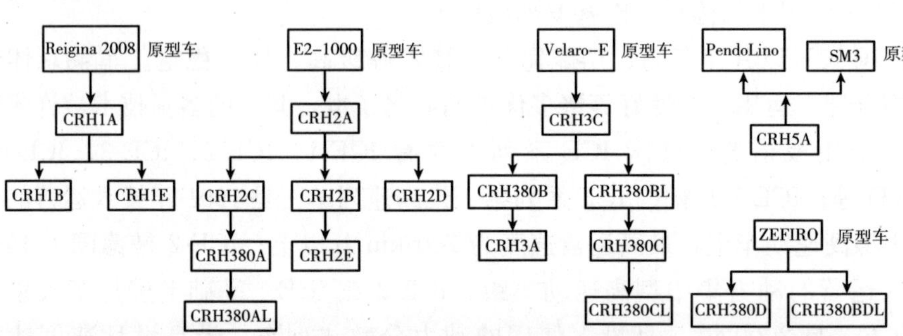

图 5－2　中国动车组发展沿革

2007 年 4 月 28 日，全国铁路实施第六次大提速和新的列车运行图。我国机车车辆工业企业引进技术制造了 CRH1、CRH2、CRH3 和 CRH5 动力分散型高速动车组。铁道部和科技部于 2008 年 2 月 26 日签订了合作开发高速铁路列车的计划，这一新兴列车时速可达 380 km。2008 年 8 月 1 日，京津城际铁路正式通车，这一高速铁路线路的知识产权仅归中国所有且时速可达 350 km。2009 年 12 月 26 日，京港高铁武广段开通运营，这一铁路段是世界上工程类型最复杂、一次建成里程最长的路段。2010 年 2 月 6 日，郑西高速铁路的通行打破了湿陷性黄土地区未有铁路通行的局面。中国的高速铁路运营里程在 2019 年底已达 3.5 万 km。目前，我国的高速铁路规模及速度已成为世界之最，营运里程也接近世界高速铁路总运营里程的 70%，而且除了铁路营运里程位于世界第一之外，还荣获多项第一称号，例如世界首条新建高寒高铁——哈大高铁、世界单条运营里程最长高铁——京广高铁、世界最高运量高铁——京沪高铁等。

中国目前的高铁列车及动车组车辆保有量密度约为 1 辆/km。“十三五”规划指出，高速铁路运行里程在此期间平均每年要建设 2 200 km，总计将增加 1.1 万 km。据此推算“十三五”期间由于高速铁路路线的建设，动车组的需求至少会增加 1.1 万辆，也就是说高速铁路的建设平均每年会带来 2 200 辆的动车组需求。2011—2015 年我国动车组增量情况如图 5-3 所示。

图 5-3　2011—2015 年我国动车组增量情况

（数据来源：中国产业信息中的相关数据）

高速铁路客运在“十三五”期间的高速增长无疑会刺激已投产线路的补车需求，而补车需求应当具有确定性才能维持运力的稳定增长。由北京南站通往上海虹桥站的京沪高速铁路，总运营里程为 1 318 km，自通车以来客运量由 2011 年的 0.24 亿人/年增长到 2019 年的 2.15 亿人/年。伴随着客运量的上升，京沪高速铁路的补车需求也由刚通车时的 1 辆/km 逐步增加，在满足客流增长需求的同时也刺激了轨道交通设备的需求。尤其是最近几年，由于轨道交通的爆发式增长及出口海外的需求，相关的零部件产业也由此得以蓬勃发展。2010—2016 年我国动车组车辆拥有量密度如图 5－4 所示。至 2019 年，我国动车组保有量达到 3 534 组，到 2025 年，动车组保有量将超过 5 000 组。

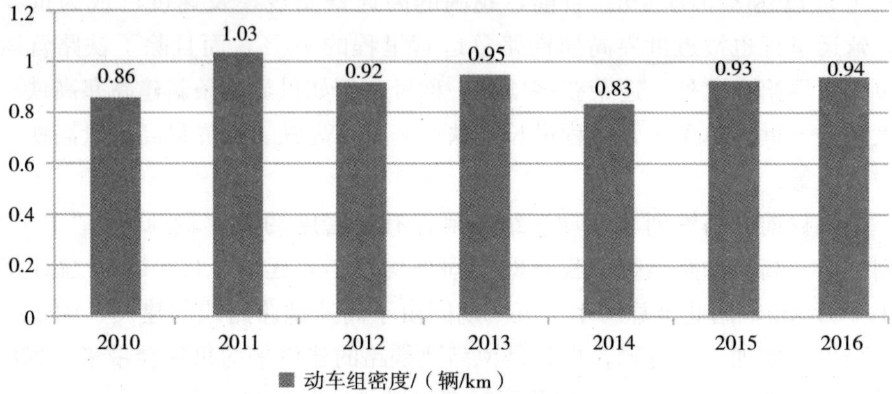

图 5－4　2010—2016 年我国动车组车辆拥有量密度

（数据来源：根据中国产业信息公开资料）

5.2.2　国内动车组的核心技术介绍

1. 中国高速列车核心技术发展过程

通过查阅中国高速列车谱系可以看到，我国高速列车发展的原型是国外先进高速列车。由于选取的原型车不同，中国高速列车各个系列车型的技术参数也有一定的区别，表 5－1 选取了几款不同的列车车型，通过对列车核心技术进行对比，探讨我国高速列车技术的发展过程。

表5-1　我国高速列车核心技术

车　型	参　数
CRH1A	开始运营时间：2007年 供电方式：AC 25 kV/50 Hz 编组：5M3T 列车长度（m）：206 定员（人）：604 最高速度（km/h）：200 总功率（kW）：5 300 牵引控制方式：VVVF逆变器 牵引电动机：三相异步牵引电动机（下同） 转向架：H型构架，无摇枕转向架（下同） 起动加速度［km/（h·s）］：1.16 最大轴重（t）：16 轮径（mm）：835 制动方式：再生＋空气（下同） 车体结构：铝合金（下同）
CRH2A	开始运营时间：2007年 供电方式：AC 25 kV/50 Hz 编组：4M4T 列车长度（m）：201.4 定员（人）：610 最高速度（km/h）：250 总功率（kW）：4 800 牵引控制方式：VVVF逆变器 牵引电动机：三相异步牵引电动机（下同） 转向架：H型构架，无摇枕转向架（下同） 起动加速度［km/（h·s）］：1.46 最大轴重（t）：14 轮径（mm）：860 制动方式：再生＋空气（下同） 车体结构：铝合金（下同）

续表

车　型	参　　数
CRH3C	开始运营时间：2008 年 供电方式：AC 25 kV/50 Hz 编组：5M3T 列车长度（m）：200 定员（人）：557 最高速度（km/h）：350 总功率（kW）：9 000 牵引控制方式：VVVF 逆变器 牵引电动机：三相异步牵引电动机（下同） 转向架：H 型构架，无摇枕转向架（下同） 起动加速度［km/（h·s）］：1.54 最大轴重（t）：17 轮径（mm）：860 制动方式：再生＋空气（下同） 车体结构：铝合金（下同）
CRH5A	开始运营时间：2007 年 供电方式：AC 25 kV/50 Hz 编组：5M3T 列车长度（m）：211 定员（人）：602 最高速度（km/h）：250 总功率（kW）：5 500 牵引控制方式：VVVF 逆变器 牵引电动机：三相异步牵引电动机（下同） 转向架：H 型构架，无摇枕转向架（下同） 起动加速度［km/（h·s）］：1.8 最大轴重（t）：17 轮径（mm）：890 制动方式：再生＋空气（下同） 车体结构：铝合金（下同）

续表

车　型	参　数
CRH380B	开始运营时间：2010 年 供电方式：AC 25 kV/50 Hz 编组：4M4T 列车长度（m）：193 定员（人）：556 最高速度（km/h）：380 总功率（kW）：9 200 牵引控制方式：VVVF 逆变器 牵引电动机：三相异步牵引电动机（下同） 转向架：H 型构架，无摇枕转向架（下同） 起动加速度［km/（h·s）］：1.44 最大轴重（t）：17 轮径（mm）：860 制动方式：再生＋空气（下同） 车体结构：铝合金（下同）
CRH380BL	开始运营时间：2011 年 供电方式：AC 25 kV/50 Hz 编组：8M8T 列车长度（m）：399.2 定员（人）：1 005 最高速度（km/h）：380 总功率（kW）：18 400 牵引控制方式：VVVF 逆变器 牵引电动机：三相异步牵引电动机（下同） 转向架：H 型构架，无摇枕转向架（下同） 起动加速度［km/（h·s）］：1.46 最大轴重（t）：17 轮径（mm）：860 制动方式：再生＋空气（下同） 车体结构：铝合金（下同）

通过对中国高速列车核心技术参数进行对比可知：

① 我国各个型号高速列车主要技术结构是相同的。比如转向架均设计成H型构架，且均为无摇枕的转向架；制动方式统一采用了再生制动和空气制动两种制动方式；牵引系统中均采用了异步牵引电机和逆变的传动方式，弓网供电方式也都是统一的。

② 我国高速列车运营速度在不断提升。从最初CRH1A的200 km/h，逐步发展到了CRH380B的380 km/h。这种速度的大幅提升，对于高速列车的整体性能是一个严峻的挑战。因为要想取得列车运行速度的提高，必须对高速列车所有核心部件性能进行整体提升。

③ 列车编组更加灵活。我国高速列车在开发出8辆短编组列车后，又开发了两辆连挂方式，即16辆编组的高速列车。以CRH380HL为例，该型列车就是两辆CRH380列车连挂而成的，这种列车非常适合繁忙干线运行，能够极大地提升旅客运输量。

④ 我国高速列车核心技术处于先进水平。通过与国外技术参数的对比可知，不论是运行速度、牵引控制方式、制动方式、轴重，还是车体轻量化、转向架结构等方面，我国高速列车在技术参数上都与世界先进高速列车的技术参数大体相当，有些指标已经领先于国际水平。因此，我国高速列车整体性能处于世界先进高速列车的行列。

2. 中国高速列车核心部件国产化之路

我国高速列车的技术路线主要采用了从国外引进先进技术、进行自我吸收和不断研发创新。在整个技术路线中，自我吸收和创新是我国高速列车研发最关键、最难的地方。我国高速列车是以法国、日本和德国的高速列车为原型车进行引进和研发的，经历了一个逆开发的过程。因此，我国高速列车在研发的初始阶段不仅要对三个国家铁路行业技术标准进行系统研究，还要依据国外标准制定出我们自己的高速列车行业标准。通过上面的分析可以看出，国内生产的高速列车从各项技术指标来看都处于同时期世界的前列，部分指标甚至已经成为世界领先水平，这说明我国高速列车集成性水平是很高的。国内轨道制造商通过使用不同国家的核心技术，并与国内的铁路技术相结合，集成出我国的高速铁路线路产品。但是，在肯定成绩的同时，也要指出我国高速列车也存在一些薄弱环节。我国高速列车经过十几年的发展，不论是生产工艺、生产流程、制造体系和制造标准都取得了长足的进步，但是国内高速列车核心零部件的技术国产化水平仍然不高。

CRH380B 高速列车是从德国西门子引进的原型车，国产化后高速列车的核心部件的主要制造商仍是以外国（资）企业（特别是德国）和中外合资企业为主。技术决定未来的发展趋势，因此我国应更加趋向于自主研发，设计属于自己的、符合我国国情的技术产品。

5.2.3　国内动车组的机车车辆情况

在创新发展理念的指导下，我国高铁及机车车辆制造技术实现工业现代化。在高速铁路大规模的技术集成创新中，我国直接受益的不仅有十多家机车车辆重点制造企业，还包括几百家外围企业。这些企业实现了机车车辆制造水平的跨越，增强了市场竞争力，同时也有力地推动了我国相关民族工业的发展壮大。例如，长春轨道客车股份有限公司通过引进阿尔斯通公司的技术，已经制造生产了 CRH5 动车组。我国 CRH 系列动车组引进技术生产情况如表 5－2所示。

表 5－2　我国 CRH 系列动车组引进技术生产情况

车型	运行速度	运营时间	引进技术厂商	原型车
CRH1A	200 km/h	2007 年	庞巴迪（加拿大）	Regina 2008
CRH1B	250 km/h	2009 年		
CRH1E	250 km/h	2009 年		
CRH2A	250 km/h	2007 年	川崎重工（日本）	E2-1000
CRH2B	250 km/h	2008 年		
CRH2C	350 km/h	2008 年		
CRH2D	350 km/h	2009 年		
CRH2E	250 km/h	2008 年		

续表

车型	运行速度	运营时间	引进技术厂商	原型车
CRH3C	350 km/h	2007 年	西门子（德国）	ICE3（Velaro-E）
CRH5A	250 km/h	2007 年	阿尔斯通（法国）	PendoLino，SM3
CRH380A	380 km/h	2010 年	自主研发，采用铝合金空心型材车体	CRH2C
CRH380B	380 km/h	2010 年	自主研发，提高牵引功率，降低传动，优化气动外形，提高减振性能	CRH3C
CRH380C	380 km/h	2013 年	自主研发，提高牵引功率，降低传动，优化气动外形，提高减振性能	CRH3C、CRH380BL
CRH380BL	380 km/h	2011 年	自主研发	CRH3C
CRH3A	160～250 km/h	2012 年	自主研发	CRH380B
CRH6（城标）	140 km/h 260 km/h 200 km/h	2014 年	中国城际动车组全新技术平台 Cinovs 首个车型，适合在城际轨道线运营，轻量化、大功率	CRH2
新型可变编组	160～350 km/h	未来	自主研发	

中国动车组 CRH 系列是高速列车。从 CRH2C 开始出现多种高速动车组（前面各型 CRH 都运行于 200 km/h 的高速铁路线，是普通动车组，被称为 D 字头列车），发展出 CRH380 系列，研制出中国标准动车组。CRH3 和 CRH5 动车组如图 5－5 所示。

图 5－5　CRH3 和 CRH5 动车组

1. 电力动车组情况

1998 年，X2000“新时速”摆式电力动车组，200 km/h，广深铁路。

1999 年 9 月，DDJ1“大白鲨”电力动车组，223 km/h，广深铁路。

2000 年 10 月，DJJ1“蓝箭”电力动车组，235.6 km/h，广深铁路。

2001 年 11 月 11 日，DJF2“先锋”电力动车组，249.6 km/h，广深铁路。

2002 年 9 月 10 日，DJF2“先锋”电力动车组，292.8 km/h，秦沈客运专线。

2002 年 11 月 27 日，DJJ2“中华之星”电力动车组，321.5 km/h，秦沈客运专线。

2008 年 4 月 24 日，CRH2C“和谐号”电力动车组试验，390 km/h，京津城际线。

2009 年 12 月 26 日，CRH3C“和谐号”电力动车组试运行（两车重联），394.2 km/h，武广客运专线。

2010 年 2 月 6 日，CRH2C“和谐号”电力动车组试运行，394.2 km/h，郑西客运专线。

2008 年 6 月 24 日，CRH3C“和谐号”电力动车组试验，394.3 km/h，京津城际铁路。

2010 年 9 月 28 日，CRH380A“和谐号”电力动车组试运行，416.6 km/h，沪杭客运专线。

2010 年 12 月 5 日，CRH380BL“和谐号”电力动车组试运行，457 km/h，京沪客运专线。

2010 年 12 月 3 日，CRH380AL“和谐号”电力动车组试运行，486.1 km/h，京沪客运专线。

2011 年 1 月 9 日，CRH380BL“和谐号”电力动车组试验编组，487.3 km/h，京沪客运专线。

2. CRH 系列动车组情况

(1) CRH1～CRH6

CRH1～CRH5 由中国铁路企业与外国公司合作生产，其中 CRH1 与加拿大庞巴迪公司合作，CRH2 与日本川崎重工公司合作，CRH3 与德国西门子公司合作，CRH5 与法国阿尔斯通公司合作。CRH6 是中国南车集团（南京和青岛）研制生产的。

A 表示普通组，8 个车厢；B 表示大编组，16 节车厢；C 表示标准时速为 250 km 及以上的中心组（CRH2C 和 CRH3C），E 为卧铺动车组，G 为高寒型。另外，CRH6 为城际动车组，S 为市域铁路（如用于温州市域铁路 S1 线的 CRH6S 时速为 140 km）。

时速分为三大档次：普通动车组（D 字头列车时速为 160～250 km）、高速动车组（时速最低为 250 km）、低速动车组（CRH6S，时速为 140 km，是 CRH 技术的下移产品，是特殊情况）。

（2）CRH2C

中国高速铁路最先用的是 CRH2C，它的时速为 250～350 km。2008—2009 年，陆续开通了京津城际和武广高铁等高速铁路，使用时速更高的 CRH2C 等高速动车组。而 CRH1 系列和 CRH2A/2B/2E 标准时速为 200 km，全是普通动车组，即 D 字头列车。

（3）CRH3C

CRH3C 为 4 动 4 拖，最高运营速度达 350 km/h，专门适用于中国高速铁路。CRH3A 型动车组，有 160 km/h、200 km/h、250 km/h 三档层级，可根据线路的具体需求进行选择。

（4）混用类列车

CRH2G（高寒型）用于兰新快铁时速为 200 km，用于哈大高铁时速为 250 km及以上。

CRH3A 型有 160 km、200 km、250 km 三个时速等级；CRH5 型也有多类，CRH5A 为 8 节车厢编组，250 km 级别，最低运营时速为 200 km，具有提速至 300 km/h 的条件。

（5）CRH380

从 CRH2C 基础上发展出 CRH380 系列，标准时速为350 km，最高运营时速为 380 km，最高试验时速为 490 km 以上，专门适用于中国高速铁路。

CRH380A 衍生车型有 CRH380AL（L 是长编组，16 个车厢）、统型 CRH380A、CRH380B、CRH380C、CRH380D。

（6）中国标准动车组

“复兴号”中国标准动车组于 2016 年 10 月 26 日结束 60 万 km 的运营考核，进行调试检查，2017 年 1 月 3 日获得国家铁路局颁发的型号合格证。时速 350 km 中国标准动车组试验包含关键系统和零部件地面试验、整车型试验、科学试验及运用考核试验 4 个层面。

中国标准动车组（CEMU）不仅具有鲜明的中国特征，其技术质量也相当优异，在轨道施工及动车组功能方面，其标准均已高于日本和欧洲等铁路发达国家和地区。

中国标准动车组具有以下特点：一是自主研发，正向设计，关键技术领域达到世界先进水平，与世界高速动车组知名品牌处于同一级别；二是自主创新，在安全、列车信息管理、可靠性、节能环保等方面实现了新的提升；三是采用中国标准，兼容国际标准，全面拥有自主知识产权；四是实现了统型和互联互通，实现了不同厂家动车组的重联运行。

当前，中国中车正在自主研发生产新型可变编组系列动车组，这将是世界上最新型的高速铁路列车。其创新性体现在以下几个方面：一是动力相对集中，同时可单、双层互编；二是具有模块化和通用型的不同速度等级、不同运用需求的统一技术平台；三是创新设计的全新车型，包括：大断面、低阻力并具备整动力系统的车头，涵盖干线座车、商务车、多功能餐车和货运快递运输合造车、城际座车等新型的双层拖车，新型大定员卧铺车等系列车型；四是关键系统技术创新，主要包括集成式牵引动力单元，自动识别可变编组的网络控制系统，可适应可变编组、具备通用接口的制动系统，可同时适应单层和双层车辆的大断面铝合金车体、转向架及便捷编挂的车间连接系统等；五是功能型设备、设施创新，主要包括空间和功能独立的纵向布局新型卧铺、卧/座可转换的纵向布局软卧车、空间和功能独立并具有高舒适性及私密性的可旋转换向的商务座卧两用座椅、可烹饪全功能厨房、高效率厨房油烟净化系统、小型集装箱及旅客行李快运货仓、高舒适性一等座椅、城际车用翻背式可变向座椅等。

3. 轨道情况

截止到 2019 年底，我国高速铁路运营里程达 3.5 万 km，占全球高速铁路运营里程的 65％。

中国高速铁路多采用无砟轨道。无砟轨道是目前世界上顶尖的轨道技术，其轨枕本身是由混凝土浇灌而成，钢轨、扣件、单元板亦是轨道的组成元件，由于无砟轨道的钢轨和钢枕均直接铺于混凝土上，因此其减震、减压、减少粉尘及美化环境的作用显著。

一些G字头列车（高速动车组列车）也运行于有砟轨道，因为运行路线包括高铁线和快铁线。例如，桂林—北京的列车短距离地运行于湘桂快铁，主要运行于京广高铁。

中国高速铁路个别采用有砟轨道，如时速250 km的渝万铁路（即渝万客运专线）、西银高铁一般路段（隧道例外）用有砟轨道（普通铁路和快铁特殊路段也采用无砟轨道）。另外，高铁站至动车所时速不高，一般也用有砟轨道。

我国通过吸收、借鉴及创新，已经全面掌握了时速200～250 km动车组的制造技术，并且还制造出了CRH380的新一代高速列车，除此之外，还研制出了时速高达350 km的动车组技术平台。自2008年8月1日中国第一条时速350 km的京津城际铁路开通运营以来，高速铁路的发展便呈现出破竹之势。根据国家铁路“十二五”“十三五”规划及中长期铁路网规划的要求，我国“四纵四横”快速客运网已经建成，京津、沪宁、京沪、京广、哈大等高速铁路相继开通运营，且时速均已达到350 km，相对完善的高速铁路体系业已形成。

（1）350规格

下面将高速铁路按照通车或计划通车的顺序进行排序，处于建设阶段和国家公布建设计划的高速铁路被归入未通车行列。

① 京津城际（北京—天津）。为中国首条具有自主知识产权、速度位居世界之首的高速铁路。京津城际铁路线路总长120 km，设计时速达350 km，其中京津城际北京段长达49.3 km，包含高架线42 km。京津城际于2008年8月1日正式开通运营。

② 武广高铁（武汉—广州）。是中国第一条时速为350 km的高速铁路，为京广高铁的南段，设计时速为350 km。开通时间为2009年12月26日。

③ 郑西高铁（郑州—西安）。途经豫、陕二省，设计时速达350 km，是中国中西部地区第一条投入运营的时速为350 km的高速铁路，线路全长505 km，郑州至西安历时最快1小时50分。2010年2月6日正式开通运营。

④ 沪宁高铁（上海—南京）。又称沪宁城际高速铁路，运营里程为301 km，设计时速为350 km。2010年7月1日正式开通运营。

⑤ 沪杭高铁（上海—杭州）。运营里程为 202 km，设计时速为 350 km。2010 年 10 月 26 日正式通车营运。

⑥ 京沪高铁（北京—上海）。于 2008 年 4 月 18 日开工，从北京南站出发终止于上海虹桥站，是新中国成立以来一次建设里程最长、投资最大、标准最高的高速铁路。2011 年 6 月 30 日正式开通运营。

⑦ 哈大高铁（哈尔滨—大连）。于 2007 年 8 月 23 日正式开工建设。2012 年 12 月 1 日正式开通运营。

⑧ 京广高铁（北京—广州）。始于北京西站，止于广州南站，全长 2 298 km，设计时速为 350 km，运营时速为 310 km。2012 年 12 月 26 日正式开通运营。

⑨ 宁杭高铁（南京—杭州）。全长 248.963 km，该项目为客运专线，双线，设计时速为 350 km。于 2008 年 12 月 27 日开工，2013 年 7 月 1 日正式开通运营。

⑩ 津秦高铁（天津—秦皇岛）。国家重要的高铁线路。2013 年 12 月 1 日正式开通运营。

⑪ 合福高铁（合肥—福州）。是京福高铁的组成部分，北接合肥，南连福州枢纽，是继京津、武广、郑西高铁之后，设计时速为 350 km 的又一条双线电气化高速铁路。2015 年 6 月 28 日正式开通运营。

⑫ 成渝高铁（成都—重庆）。设计时速为 350 km，客运专线全长 308 km，初期运营时速为 300 km。2015 年 12 月 26 日正式开通运营。

⑬ 郑徐高铁（郑州—徐州）。是徐兰客运专线东段的组成部分，西起郑州东站，东至徐州东站，设计时速为 350 km。2016 年 9 月 10 日正式开通运营。

⑭ 沪昆高铁（上海—昆明）。线路全长 2 266 km，设计时速为 350 km，是中国东西向线路里程最长、经过省份最多的高速铁路。2016 年 12 月 28 日正式开通运营。

⑮ 郑渝高铁（郑州—重庆）。经河南、湖北、重庆三个省市，由郑万铁路、渝万铁路组成，设计时速为 250～400 km。2019 年 12 月郑襄段开通运营，郑渝高铁全段预计 2021 年开通运营。

⑯ 汉十高铁（武汉—十堰）。2015 年 12 月 2 日汉十高铁全线开工建设。2019 年 11 月 29 日全线开通运营。

⑰ 商杭高铁（商丘—杭州）。起于商丘站，至杭州东站，设计时速为

350 km。预计 2020 年开通运营。

⑱ 郑合高铁（郑州—合肥）。经河南、安徽两个省，是一条中原连接江淮的高速铁路，设计时速为 350 km。2019 年 12 月 1 日开通运营。

⑲ 京张高铁（北京—张家口），2016 年 4 月 29 开工建设，2019 年 12 月 30 日开通运营。

⑳ 西武高铁（西安—武汉）。目标时速为 350 km，建成后西安到武汉最多只需 2 个小时。设计时速为 350 km。预计 2021 年底开通运营。

㉑ 郑济高铁（郑州—济南）。经河南、山东两个省，设计时速为350 km。预计 2021 年 5 月河南段开通运营。

㉒ 鲁南高铁（兰考—日照）。经河南、山东两个省，设计时速为350 km。预计 2021 年底，山东省内段开通运营。

㉓ 连徐高铁（连云港—徐州）。位于江苏境内，设计速度为 350 km/h。预计 2020 年底开通运营。

㉔ 盐通高铁（盐城—南通）。位于江苏省境内，设计速度为 350 km/h（过江段为 250 km/h）。

㉕ 京九高铁（北京—九龙）。北起北京西站，南至香港九龙，设计时速为 350 km。预计 2022 年开通运营。

㉖ 呼南高铁（呼和浩特—南宁）。国家“十三五”规划的呼和浩特至南宁的高铁通道，国家“八纵八横”高铁干线。预计“十四五”期间开通运营。

㉗ 郑贵高铁（郑州—贵阳）。目标时速为 350 km，国家重要高铁线路干线。

㉘ 郑银高铁（郑州—银川）。目标时速为 350 km，国家重要高铁线路干线。

㉙ 沿江高铁（上海—成都）。又名沪汉蓉高速铁路，起于上海，终于成都，串联长江沿线的 22 个城市，全程采用时速 350 km 的标准修建。

㉚ 武杭高铁（武汉—杭州）。促进鄂东、赣北、皖西南、皖江流域、皖南地区经济的快速发展，设计时速为 350 km。预计 2020 年底开通运营。

㉛ 沿江城际铁路（南京—上海）。设计时速为 350 km，起于南京，经句容、金坛、常州、江阴、张家港、常熟、太仓至上海。

（2）300 规格

以下高速铁路按照通车或计划通车顺序排序，包括已经开工建设的高速铁路和列入国家公开报道建设计划的高速铁路。

① 广深港高速铁路（广州—深圳—香港）。由广州经深圳至香港，内地段可达350 km，香港段为250 km。开通后广州南站到深圳北站只需25 min。2011年12月26日正式开通运营。

② 贵广高铁（贵阳—广州）。自贵阳北站起，至广州南站，设计速度为300 km/h。2014年12月26日正式开通运营。

③ 贵南高铁（贵阳—南宁）。2017年12月开工建设，预计2023年建成通车。

（3）250规格

以下高速铁路按照通车或计划通车顺序排序，包括已经开工建设的高速铁路。

① 衡柳高铁（衡阳—柳州）。东起湖南省衡阳市，南止广西壮族自治区柳州市，与柳南客运专线对接，是湘桂铁路扩能改造工程的重要组成部分，全长497.9 km，设计时速为250 km。2013年12月28日正式开通运营。

② 武咸城际铁路（武汉—咸宁）。是武汉城市圈内一条连接武汉市和咸宁市的快速城际铁路，设计时速为250 km。2013年12月28日正式开通运营。

③ 湘桂高铁（衡阳—南宁）。是国家《中长期铁路网规划》中连接湖南、广西两省区的铁路干线，也是广西北上进京的快速大通道。全线于2008年12月11日开工，2013年12月28日正式开通运营。

④ 柳南城际铁路（柳州—南宁）。项目于2009年10月正式动工建设，2013年12月30日正式开通运营。

⑤ 武冈城际铁路（武汉—黄冈）。是武汉城市圈内一条连接武汉市与黄冈市的快速城际铁路。2014年6月18日正式开通运营。

⑥ 武石城际铁路（武汉—黄石）。是武汉城市圈内一条连接武汉市与鄂州市、黄石市的快速城际铁路。2014年6月18日正式开通运营。

⑦ 郑开城际铁路（郑州—开封）。于2009年12月29日开工，一期工程（郑州东站—宋城路站）于2014年12月28日正式开通运营。

⑧ 郑焦城际铁路（郑州—焦作）。设计时速为250 km，沿线设南阳寨站、黄河景区站、武陟站、修武西站、焦作站。2015年6月26日正式开通运营。

⑨ 哈齐高铁（哈尔滨—齐齐哈尔）。列车设计运行时速为 250 km。2015 年 8 月 17 日正式开通运营。

⑩ 宁安客运专线（南京—安庆）。由南京南站至安庆站，设计速度目标值为 250 km/h。2015 年 12 月 6 日正式开通运营。

⑪ 郑机城际铁路（郑州—郑州新郑国际机场）。从郑州东站引出，终点为郑州新郑国际机场。2015 年 12 月 31 日正式开通运营。

⑫ 汉孝城际铁路（武汉—孝感）。是武汉城市圈内一条连接武汉市与孝感市的快速城际铁路。2016 年 12 月 1 日正式开通运营。

⑬ 武九客运专线（武汉—九江）。又名武九高铁，设计时速为 250 km。2017 年 9 月 21 日正式开通运营。

⑭ 西成高速铁路（西安—成都）。又称西成铁路客运专线，自西安北站引出，入成都东站。2017 年 12 月 6 日正式开通运营。

⑮ 郑太高铁（郑州—太原）。经河南、山西两省，设计时速为 250 km，预计 2020 年底全线开通运营，其中郑州至焦作段已于 2015 年 6 月 26 日通车。

⑯ 成贵高铁（成都—贵阳）。起于四川省成都市，终于贵阳市。2019 年底建成通车。

⑰ 徐宿淮盐铁路（徐州—盐城）。位于江苏省内，由徐州市经宿迁市、淮安市至盐城市，设计速度为 250 km/h，全长约 314 km。2019 年 12 月 16 日建成通车。

⑱ 连镇高铁（连云港—镇江）。位于江苏省内，由连云港市经淮安市、扬州市至镇江市，设计速度为 250 km/h，全长约 305.2 km。预计 2020 年 11 月底全线建成通车。

需要重点说明的是，2019 年 12 月 30 日开通的京张高速铁路，又名京张客运专线，是连接北京市与河北省张家口市的城际高速铁路，是“八纵八横”中“京兰通道”“京昆通道”的重要组成部分，是 2022 年北京冬奥会的重要交通保障设施，是中国第一条采用自主研发的北斗卫星导航系统、设计速度为 350 km/h 的智能化高速铁路，也是世界上第一条最高设计速度为 350 km/h 的高寒、大风沙高速铁路。

5.3　中国标准动车组的创新发展沿革

中国标准动车组是我国高端装备制造业政产研协同创新的硕果。中国标准动车组由超过 20 家单位构成核心研发团队，针对我国高速铁路运营特点制定中国标准，历经 3 年研制，全面采用自主化设计，具备完全自主知识产权。"复兴号"中国标准动车组构建了体系完整、结构合理、先进科学的高速动车组技术标准体系，标志着我国高速动车组技术全面实现自主化、标准化和系列化，极大地增强了我国高速铁路的国际话语权和核心竞争力。

5.3.1　中国标准动车组的创新发展历程

自 2012 年开始，由中国铁路总公司牵头主导，中国中车集团与高校、科研院所政产研一体化推进中国标准动车组项目，2013 年 12 月完成总体技术条件制定，2014 年 9 月完成方案设计。

2015 年 6 月，中国标准动车组完成组装、调试并下线，先后完成了整车型式试验、科学试验、空载运行试验、模拟载荷运行试验等，各项指标全部符合标准规范和应用要求。不同于混合欧洲标准和日本标准的旧型高铁列车及动车组，中国标准动车组采用"4 动 4 拖" 8 辆编组，设计时速为 350 km，首次实现了动车组牵引、制动、网络控制系统标准的全面自主化，在施工标准、兼容性、安全性等方面均超过欧洲标准和日本标准。2015 年 11 月，具有完全自主知识产权的中国标准动车组在太原铁路局大西铁路客运专线开展型式试验，最高试验速度达到 385 km/h。图 5 - 6 为中国标准动车组在大西高铁开展试验。

图 5-6　中国标准动车组在大西高铁开展试验

2016 年 7 月，我国自行设计研制、全面拥有自主知识产权的 2 列中国标准动车组“金凤凰”和“蓝海豚”，以超过 420 km/h 的速度在郑徐线上交会而过，相对速度超过 840 km/h。

2017 年 1 月 3 日，国家铁路局向中国中车颁发中国标准动车组型号合格证和制造许可证，这标志着中国标准动车组具备了大规模生产许可条件和上线商业运营资格。2017 年 2 月 25 日，随着 G65 次列车驶出北京西站，我国自行设计研制、拥有全面自主知识产权的中国标准动车组样车上线运营。2017 年 6 月 25 日，由中国铁路总公司牵头组织研制、具有完全自主知识产权、达到世界先进水平的中国标准动车组命名为“复兴号”，包括 CR400AF 和 CR400BF 两种型号。2017 年 6 月 26 日，两列“复兴号”中国标准动车组在京沪高铁正式双向首发。

中国中车集团研发的时速为 250 km 的“复兴号”中国标准动车组，于 2018 年 4 月 2 日通过了设计方案评审，标志着时速为 250 km 的“复兴号”中国标准动车组研制工作取得新进展。

5.3.2　中国标准动车组的技术介绍

中国标准动车组是中国标准体系占主导地位的动车组（在254项重要标准中，各种中国标准占84%），同时动车组的性能、设施等也进行了标准化设计。中国标准动车组研制工作立足于当前实际，着眼于未来发展，在现有成熟技术实践的基础上，采用正向设计的方式，坚持自主知识产权、安全可靠、标准化、系列化、简统化、经济性、节能环保等原则。中国标准动车组总体技术方案如表5-3所示。

表5-3　中国标准动车组总体技术方案

项目名称	具体技术方案
动力配置	8辆编组，4动4拖统一动力配置；2个基本动力单元；通过调整电机特性，可在动力单元配置及网络控制等基本不变的情况下满足不同速度目标值对牵引能力的需求
牵引系统	大功率IGBT元器件构成的交直交传动牵引系统，通过提高中间直流环节电压，提高效率，降低损耗，改善点击控制特性，提升单位质量下的牵引输出功率；充分利用元器件性能，在牵引功率基础上显著提高电制动功率；利用移相技术有效控制谐波，保证再生能量的回收质量，降低总能耗
制动系统	微机控制的直通式电空制动系统及大容量基础制动装置，具备以整列车进行电空复合控制的能力，可按模式曲线精确控制列车减速或停车；由制动系统实施列车制动力的管理、计算和分配，优化防滑控制逻辑，充分利用黏着及电制动，缩短制动距离，减少盘片磨损
网络控制系统	采用由列车级（WTB）和车辆级（MVB）组成的两级网络结构，按照适应我国铁路实际的控制策略，自主开发列车网络控制系统；列车增设诊断以太网，全面加强故障诊断和监测数据的传输，并提供向地面实时传输数据的功能，使列车的智能化程度大幅提升；实现不同厂家生产的相同速度等级动车组重联运营、不同速度等级的动车组互相救援
转向架	采用模块化设计的H型构架无摇枕转向架，强化结构及性能的安全冗余设计；统一采用920 mm的大轮径及磨耗型踏面，改善轮轨匹配关系，优化转向架两系悬挂参数，降低簧下质量，减轻轮轨动力作用，提高运行稳定性、舒适性及结构安全性；实现轮对等主要部件的统型互换

续表

项目名称	具体技术方案
车体	采用大型中空铝型材焊接而成的高强度、轻量化车体，统一车体长度为 25 000 mm，车体最大宽度为 3 360 mm，车辆高度为 4 050 mm；空调等设备采取嵌入化设计，实现列车纵断面的平顺化；全新流线型车头，进一步降低高速运行时的阻力；设计防撞吸能结构和装置，提高安全防护性能
辅助供电系统	采用中国标准制式的 AC 380 V/50 Hz 辅助供电系统，具有自动平衡负载和冗余供电功能，辅助变流器由牵引变流器中间直流环节供电，实现过分相不断电、无动力回送/救援工况时自发电功能；研发锂电池直流供电系统，提升单位质量供电能力
高压系统	采用主动控制受电弓，高压设备外绝缘的雷电冲击耐受电压提升至 185 kV，采用整体密闭的高压箱结构，除受电弓外，其余高压部件不暴露于运行环境中，以改善高压系统部件的工作环境，提高系统在不同网高和不同环境下的工作可靠性，实现日常运用的免维护
旅客界面	旅客界面设计坚持以人为本，运用人机工程学合理设计旅客乘坐空间、占用空间、通过空间和乘降空间；按照旅客旅行生理需求、卫生需求、休闲娱乐需求，合理分配资源，统筹安排饮水、卫生、集便排污、空调和旅客信息与影音系统设计，其中空调系统将充分考虑免受各种高速运行工况下车外压力波的影响；通过合理的旅客界面设计，最大限度地保证旅客的乘坐舒适性，缓解旅途疲劳

资料来源：胡亚东．坚持自主创新道路 积极推进中国标准动车组研制 [J]．中国铁路，2014 (8)：1-5.

5.3.3 中国标准动车组的创新前景

中国标准动车组引领“中国智造”。“复兴号”的诞生，标志着中国铁路技术装备水平进入了一个崭新时代。目前，中国铁路总公司根据市场需求及科技发展趋势，开展了动车组技术顶层设计，对未来动车组技术研发进行了规划，积极组织引导制造企业、科研院所、高校开展动车组技术创新，启动了时速 350 km 速度级 16 辆编组中国标准动车组、时速 250 km 速度级中国标准动车组、时速 160 km 速度级动力集中电力动车组及京张高铁智能列车的研发工作。今后还将在“复兴号”中国标准动车组平台基础上，围绕安全、经济、舒适、节能、人性化等方面持续开展科技创新，研制不同速度等级、适应不同环境需求的自主化、标准化动车组系列产品，更好地满足市场需求，为人民群众出行提供更多的选择。

“复兴号”CR400 系列动车组的成功研制和投入运用，对于我国全面系统地掌握高速铁路核心技术、加快高速铁路“走出去”具有重要战略意义，极大地增强了我国高速铁路的国际话语权和核心竞争力。

中国标准动车组是针对中国高速动车组的运用需求，通过自主创新，打造适合中国国情、路情的高速动车组设计制造平台，实现全面自主化；建立统一的技术标准体系，实现动车组在服务功能、运用维护上的统一，提高效率，降低成本；以自主化、系列化和统一化为目标，旨在打造中国标准动车组品牌，助力中国高速铁路“走出去”。在印度尼西亚高速铁路项目中也使用了具有完全自主知识产权的中国标准动车组，中国标准动车组也将是未来中国高速铁路走出去的“主力军”。

综上，本章通过对高铁列车及动车组创新发展的意义与沿革进行阐释，进一步明确了高铁列车及动车组创新发展对国家供给侧改革的助推作用。同时，通过对国内外高铁列车及动车组发展沿革的梳理，更加明确了我国现阶段动车组发展所处的阶段。

第 6 章
我国高铁列车及动车组的创新发展模式研究

目前我国是世界上高速铁路运营里程最长、在建规模最大的国家，高速铁路总体技术水平位居世界前列。高速铁路是世界铁路的发展趋势，是各国的共同需求。中国铁路走自主科技创新的发展道路，通过成功实施“引进先进技术、联合设计生产、打造中国品牌”策略，短短十多年的时间，中国高铁从无到有、从追跑者到领跑者，走出了一条具有中国特色的高铁发展之路。我国高铁列车及动车组的发展具有“政府主导、企业主动、科研拉动”的中国特色。本章对我国高铁列车及动车组的创新发展模型进行介绍。

6.1 我国高铁列车及动车组的创新发展宏观背景

我国幅员辽阔，但资源分布不均，在经济建设过程中非常依赖交通运输。近年来，城市化进程的推进对传统的铁路交通提出了更高层次的要求。尤其是长久以来，我国东部经济相对来说较为发达，而西部则呈现出较为贫瘠的景象，经济发展较为不平衡，但是我国西部地区却富含大量的自然资源。基于我国幅员辽阔的现实背景，由西部至东部的运输线路势必较长，所以提高交通运输的效率迫在眉睫。因此，大力发展高速铁路是我国经济发展的必然导向，是促使经济发展提速的重要途径，更是贯彻落实国家可持续发展的战略需要。

2016 年的《中长期铁路网规划》指出，中国计划在“十三五”期间，继续推进高速铁路建设，以现有的“四纵四横”高铁主骨架为基础继续完善，加大力度规划设计高速铁路区域连接线，进一步扩大我国高速铁路网的覆盖范围，最终将形成“八纵八横”的主通道。截至 2019 年，我国运营中的高速铁路达到 3.5 万 km；截至 2025 年，运营中的高速铁路将达到 3.8 万 km。

经过十多年的努力，中国高速铁路已经完全拥有自主知识产权和核心技术。速度快、成本低、经验丰富是中国高速铁路领先全球的三大优势。中国高速铁路出海受到国家高度重视。2009 年，中国正式提出高速铁路“走出去”战略。2013 年，中国提出以高速铁路取代古老的风力、马力和人力运输，重建横贯欧亚大陆的“丝绸之路经济带”和 21 世纪“海上丝绸之路”的“一带一路”倡议，将高速铁路出海提升至国家战略高度。

预计 2015—2025 年，除中国外世界上其他国家高速铁路建设里程为 4.36 万 km。其中 2.63 万 km 是由中国所主导的“一带一路”的建设，这些项目大部分都是由我国来建设的，另外的 1.73 万 km，估计我国可以参与其中的 30%，即为 0.52 万 km。预计 2015—2025 年期间，由中国参与的国外地铁建造里程为 3.15 万 km，其中 70%在 2020—2025 年建设完成，30%在 2015—2020 年建设完成。由于中国高速铁路自 2013 年开始起出去，而高速铁路建设周期一般为 3～5 年，因此海外项目建成运营自 2017 年以后将逐渐增加。

2019 年全国投产总额达 8 029 亿元，投产新线 8 489 km，其中高速铁路 5 474 km，使得高速铁路成为基础设施建设的核心。截至 2019 年，我国高速铁路运营里程居世界第一，高速铁路运营里程达到 3.5 万 km。图 6－1 是 2008—2019 年中国高速铁路运营里程。

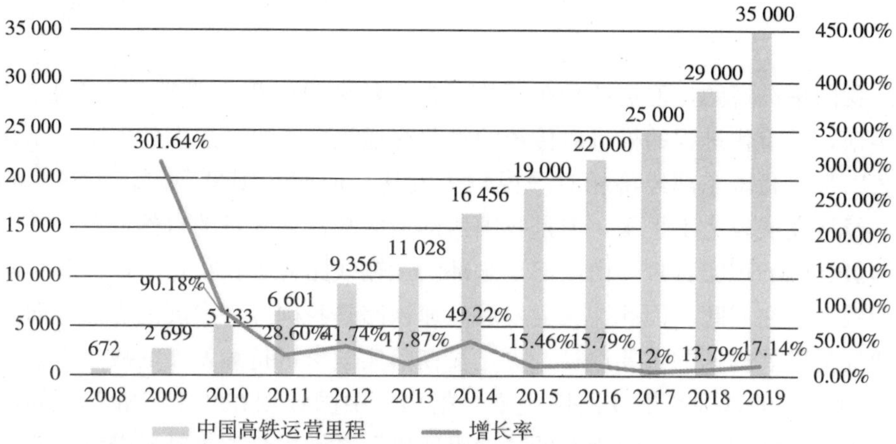

图 6－1　2008—2019 年中国高速铁路运营里程（单位：km）

（数据来源：根据公开资料整理）

国家中长期铁路规划提出“八纵八横”线路图，未来随着高速铁路的深入和持续推进，动车组轨道交通设备也将水涨船高。中国动车组保有量继续增加，以往年份中除了 2016 年严重低于预期外，其他年份基本上处在合理预期水平。从动车组采购数量上看，2013—2017 年中国铁路总公司招标体量分别是 473 列、377 列、467 列、105 列和 400 列（见图 6－2），中国动车组的保有列次和保有辆次持续增加，“十三五”期间采购量增加，动车组的保有量也随之上升。

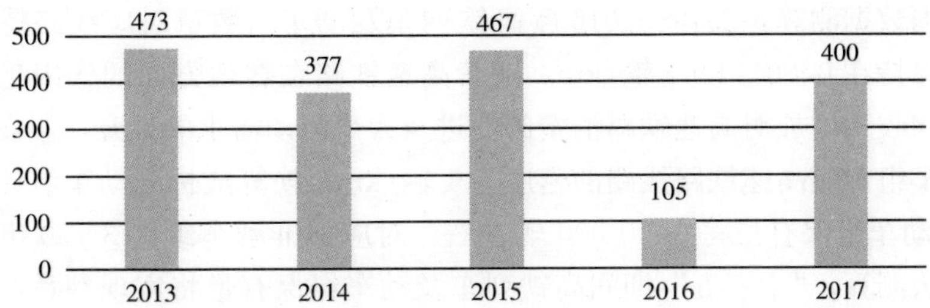

图 6 - 2　2013—2016 年动车组采购列次（单位：列）

（数据来源：根据公开资料整理）

近年来，我国动车组保有量快速增加。“十三五”期间新增动车组的需求主要来自以下三个方面。一是国内新铺线路的需求。二是已运营线路的补车需求。由于高速铁路的便捷、快速、准时等优点，近年来选择高速铁路出行的旅客越来越多，客运量大幅增长，势必带来动车组的补车需求，预计 2020—2025 年，我国动车组列车需求量仍将出现小幅增长，到 2025 年，约 3 000 列。三是海外新铺线路的需求。图 6 - 3 列示了 2013—2019 年中国动车组保有量（标准列）及其增长率。

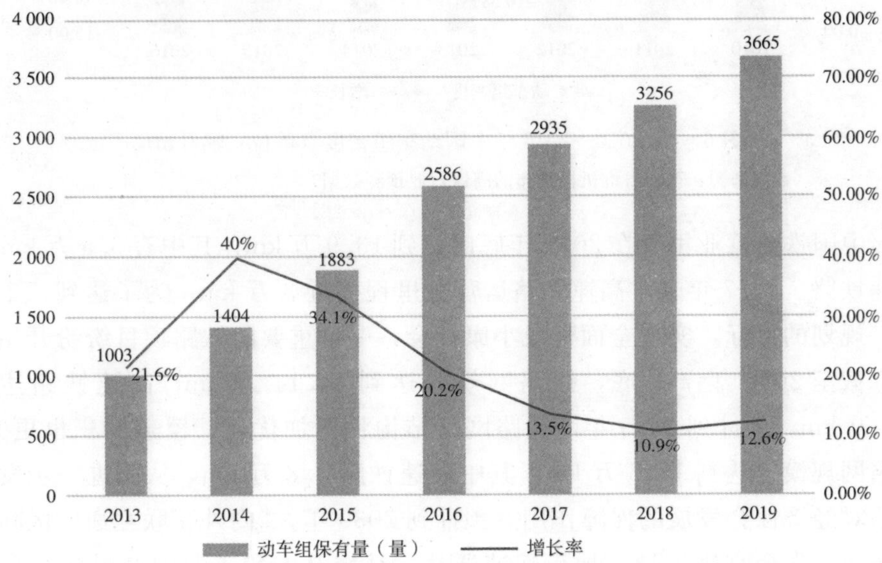

图 6 - 3　2013—2019 年中国动车组保有量（标准列）及其增长率

（数据来源：国家铁路局）

根据数据测算，2010—2016 年高铁列车及动车组数量对应线路持续增加的密度保持在 0.86～1.03 辆/km。随着高速铁路在客运方面的作用越来越突出、人均收入增加对高速铁路消费的促进及人口流动需求的提升，假设高铁列车及动车组对应高速铁路线路的密度为 1 辆/km，换算成标准动车组计算，在 2020 年动车组保有量将在 30 000 辆左右，对应标准动车组为 3 750 组。按照密度方法测算，“十三五”期间高铁列车及动车组保有量将实现翻番，年均复合增长率为 15%，在 2016 年严重低于预期的情况下，2017 年动车组招标仍超过 350 列，2018—2020 年维持在 400～500 列。图 6 - 4 列示了 2010—2016 年中国动车组密度。

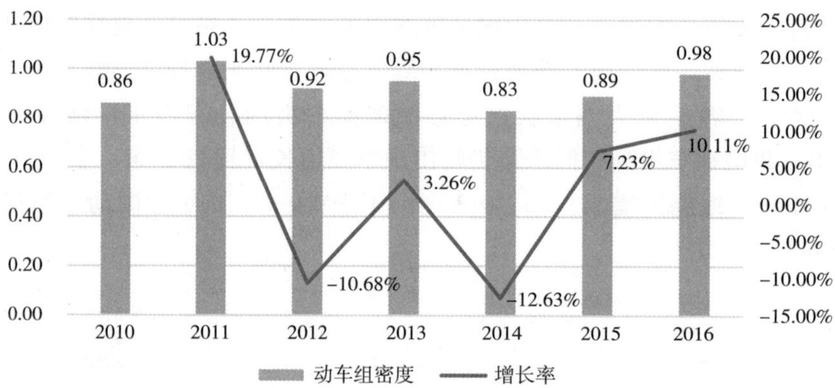

图 6 - 4　2010—2016 年中国动车组密度（单位：辆/km）

（数据来源：智研咨询机构发布的高铁行业预测数据）

中国铁路营业里程在 2019 年底已达到 13.9 万 km，其中有 3.5 万 km 为高速铁路。2017 年末，高速铁路运营总里程接近 3 万 km。为了达到“十三五”规划的目标，实现全面建成小康社会，一批重要的铁路项目纷纷开始投产，截至 2020 年 7 月底，铁路网规模达到 14.14 万 km，高速铁路达到 3.6 万 km。预计到 2025 年，铁路网络结构将更加优化，覆盖面积也更大，铁路网规模将达到 17.5 万 km，其中高速铁路 3.8 万 km，从而进一步发挥铁路对经济社会发展的保障作用。预计到 2030 年，“内外互联互通、区际多路畅通、省会高铁连通、地市快速通达、县域基本覆盖”的愿景将会变成现实。

经过改革开放 40 多年的高速发展，中国经济的传统比较优势正在逐步丧失。《中国工业发展报告》指出，在制造行业，中国的平均工资高于大多数的南亚及东南亚国家，依靠劳动力成本优势和高消耗、高污染的发展模式已经走到尽头，中国的第二轮经济起飞必须依靠技术创新和全要素劳动生产率的提升。李克强总理指出："必须加大结构性改革力度，加快实施创新驱动发展战略，改造传统引擎，打造新引擎。"创新驱动发展将成为今后一个时期中国发展的重要指针和必要条件。2020 年 7 月 30 日习近平总书记主持召开中央政治局会议，会议提出，我们要"认识到，世界经济正在深度调整，国内外发展环境十分复杂"，"我们更要牢牢把握重大调整机遇，积极有为，创新求进"。

6.2　我国高铁列车及动车组的创新发展模式分析

近年来，中国高速铁路从最初的引进到形成一套自己的创新体系，其发展取得了卓越的成就，可谓是高端装备制造业发展的典型代表，许多高速铁路技术已然成为国际中的佼佼者。我国高速铁路动车组的发展具有"政府主导＋企业主体＋市场引导"的全产业链自主创新特征，在充分汲取发展较早的国外高速铁路的先进经验并对其加以利用的基础上进行再创新，建造了一条与我国国情相适应的高速铁路交通网，促进了我国区域、城乡的可持续与和谐发展。具体来看，我国高铁列车及动车组的创新发展模式表现为引进、吸收和自主创新，如图 6－5所示。

高速铁路的发展还可以有效地带动相关钢铁制造、建材及电子信息等产业的发展，对我国自主创新能力的培养，打造创新型国家有着不可轻视的促进作用。

近年来，我国不断加大对铁路客运专线的修建力度，更多的高铁列车及动车组被引入到主要客运专线中。与此同时，我国高铁列车及动车组的技术研发取得了进一步突破，高速铁路的技术发展，特别是以中国铁路高速动车组为主的多领域高新技术发展，将对相关的工程、材料、机车及零部件制造、通信信号设备生产、计算机软硬件开发等起到积极的推动作用。高速铁路产业在近年来发展蓬勃，预计在未来几年对动车组的需求将非常可观，可观的市场需求将成为相关高新技术产业发展的保障。可以预见，一个规模庞大的高新技术产业群也将随之形成。由此可见，作为高速动车组核心产品的中国铁路高速动车组，不仅为技术与市场的发展提供了动力，而且从侧面展现了我国高铁列车及动车组创新发展的模式。

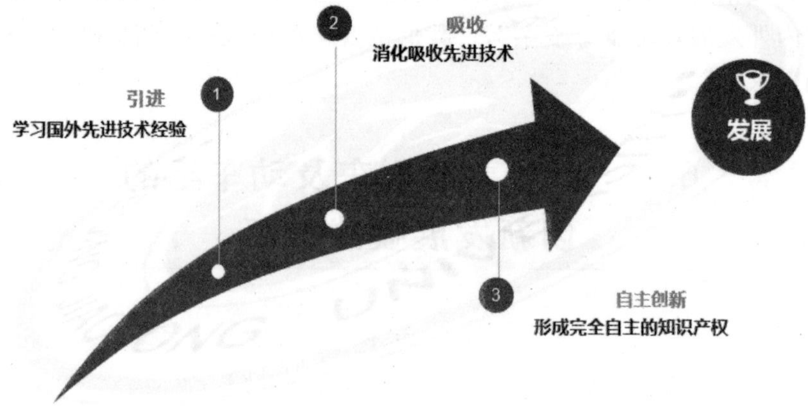

图 6-5　中国高铁列车及动车组创新发展“引进、吸收、自主创新”三步走

6.2.1　“引进、吸收、自主创新”三步走

1. 引进阶段

20 世纪 90 年代末，中国经济发展迅速，人员流动和物资运输量大大增加，运输能力渐渐无法满足日益增长的运输需求，发展效率高且运输能力强的运输工具的诉求亟待实现。而当时其他国家，尤其是早在 1964 年建成世界首条高速铁路的日本，因发展高速铁路使其运输能力得到明显提高。基于此，我国政府做出发展中国高速铁路的战略决断，拉开了中国高速铁路发展的序幕。可见，中国高速铁路在发展之初，便呈现出政府主导的模式特征。

1998—2002年，我国对铁路技术的研究进行了进一步深化，将研究成果优先应用于客运专线的建设与既有线路的提速中。在1998年召开的两院院士大会上，“京沪高速铁路是否可以采用磁悬浮技术”这一问题被国务院总理朱镕基提出，朱总理希望中国高速铁路能在新技术领域取得跨越式的突破，以实现技术的更新换代。经过对高速铁路技术的反复论证，铁道部仍坚持将轮轨技术体系应用于京沪高速铁路中。经过数年来的不断锤炼，高速铁路技术得到不断改进和完善。

2003年，在中国引进高速铁路技术的谈判中，铁道部主导了技术引进的全过程。铁道部、科技部引导高速铁路企业、高等学校和科研机构相互合作，为其注入资金支持，同时倚借新引进的高速铁路技术，共同组建了创新平台。

2003—2007年，我国高速铁路取得了重大的技术突破。我国于2004年开始从国外引入高速铁路技术，但是如何让国外技术与中国的现实情况相结合成为当时面临的一个问题，因此对引入的高速铁路技术进行本土化的研究与改造成为当时的主要工作。以高速铁路的路基技术为例，由于普通列车的车速相对较慢，因此对路基的影响不甚明显，然而中国幅员辽阔，国内气候及地质条件复杂多样：京津城际是软土路基，武广高铁是岩溶路基，而郑西高铁是黄土湿陷性路基。只有审慎地处理好地基和路基填筑技术，才能应对上述复杂的地质条件，而作为中国高速铁路技术供给方的德、法、日，它们领土内的地质条件均没有如此复杂，当地成熟的技术在我国环境下可能变得不再适用，因此进行技术创新及国产化改造势在必行。我国开始引进高速铁路技术之后，先后经历了整机进口、零部件进口、国内组装、技术消化、提高国产化率的过程。十多年来，我国在引入技术的基础上反复进行各种研究与实践，终于在工程建造技术、高速列车技术、运营维护技术、系统集成技术等方面取得了突破性进展，在引进吸收基础上实现了再创新。至此，我国初步形成了中国高速铁路技术体系。

2004年4月1日，国务院召开了与铁路机车装备相关的专题会议，提出了“引进先进技术、联合设计生产、打造中国品牌”的基本原则，把我国车辆的生产模式确定为以引进少量原装为基础、将国内儿家机车车辆制造企业作为扶持重点、国内散件组装和国内生产。

我国在“以市场换技术”的原则指导下从国外引入了4套高速列车技术体

系。铁道部在 2004 年及 2005 年先后进行了两次动车组技术引进招标，招标具体情况如表 6－1 所示。

表 6－1　铁道部两次公开对外招标

时间	招　标	招标结果
2004 年 8 月	铁道部公开招标时速 200 km 动车组项目	青岛四方机车与日本川崎重工组成的联合体中标，60 列动车组，型号统一为 CRH2
		长客股份与法国阿尔斯通组成的联合体中标，60 列动车组，型号统一为 CRH5
		庞巴迪公司在中国青岛的合资公司 BST 中标，20 列动车组，型号统一为 CRH1
2005 年 10 月	铁道部公开招标时速 300 km 动车组项目	唐山机车与德国西门子组成的联合体中标，60 列动车组，型号统一为 CRH3
		青岛四方机车与日本川崎重工组成的联合体中标，60 列动车组，型号统一为 CRH2C

（资料来源：中国产业信息网）

自引入动车组技术以来，从政府到整车制造商就一直孜孜不倦地追求国产化率的提升，一方面，是国家提升国内核心技术水平、独立自主发展的需要；另一方面，国外产品高昂的价格及受制于距离、成本因素导致的较差的售后维护体验也迫使整车制造商不得不积极进行动车组各种组件和技术的国产化。

2. 吸收阶段

中国有中国的国情，中国铁路有中国铁路的路情，我们不可能生搬硬套国外现成的技术。国外专家曾预言，中国对引进的高速铁路技术需要至少 8 年消化、8 年吸收，也就是说至少要 16 年的时间才可以完成消化、吸收。

事实上，中国中车研发团队仅用了两年时间就完成了对技术标准和所有原始图纸、资料的消化和吸收。

早在 2004 年，《中长期铁路网规划》确定的中国高速铁路建设总方针是："引进先进技术，联合设计生产，打造中国品牌"。由此，中国高铁列车及动车组开启了高速列车从引进、消化、吸收到再创新之路。外国专家之所以预言中国至少需要 16 年的时间来消化、吸收引进的技术，是因为中国铁路在线路条件、运行环境及运营模式上与国外相比有着极大的不同，简单地将引进的技术照搬硬套，不符合中国的国情路情，是行不通的。为克服引进技术水土不服的困难，我国研发团队针对铁路实际运营环境，进行了全面的研究试验，对 110 项关键技术进行优化设计，线路试验长达 6 万 km，终于取得了成功突破。中国首列时速 200～250 km 的动车组于 2006 年在中国南车四方公司成功下线。一年后，研发团队再次在车体强度与模式、牵引性能、转向架等制约速度提升的关键技术上取得成功突破，研制出时速超过 300 km 的高速动车组。

3. 自主创新阶段

在对国外技术的跟随学习之后，2008 年我国提出中国高速列车自主创新联合行动计划，确定攻克时速 350 km 及以上的动车组技术。

研制时速 350 km 及以上的动车组，车头头型的设计是关键，它关系到列车运行的安全性、旅客乘坐的舒适性及节能环保等方面，无论是技术标准还是设计方法，在全世界都无先例可循。在克服重重困难后，2010 年 12 月 3 日，CRH380AL 在京沪高铁枣庄至蚌埠段跑出了时速 486.1 km 的世界最高运行试验速度，可谓“贴地飞行”。CRH380A 的成功研制，形成专利 181 项，制定标准 189 项，使我国高铁列车及动车组技术迈入了再创新阶段。

高速动车组的设计是一项庞大的系统工程。一列高速动车组，零部件涉及 4 万多个，这就需要数以万计的设计图纸，而每一张图纸，从它的方案提出到最终确定，都需要设计师们反复研究论证，此外还要进行无数次的仿真分析，之后，再通过无数次的试验验证。

近年来，研发团队的脚步从未停止。2011 年，更高速度的试验列车创造性地设计出来，在滚动试验台上的时速达到创纪录的 605 km。2012 年，我国首列城际动车组研制成功，且形成系列化产品。除此之外，我国高铁列车及动车组自主创新还在工程工务方面的无砟轨道、以桥代路、牵引供电方面的高速弓网、通信信号方面的 GSM-R 数字专用通信系统等方面均有体现。

6.2.2 从“集成创新”向“原始创新”的嬗变

传统的技术创新模式分为引进吸收再创新、集成创新及原始创新三个阶段。其中，引进吸收再创新是“跟随创新”，其核心专利技术是国外的，先进性较低；集成创新，则是指把现有的技术组合起来，或者把别的领域里的成熟技术引进到另外一个领域里，使它能够创造新的变化，先进性虽然有所提高，但也不是完全自主知识产权；原始创新是从一种发明开始，然后通过发明制造，再经过不断完善，成为一种新产品或者一种新技术，这类创新先进性最强，具有完全自主知识产权。

对于我国高铁列车及动车组发展而言，仅仅依靠市场无法换来核心技术，要掌握主动权，最需要也最困难的是原始创新。原始创新不仅能够实现完全的自主知识产权，而且能够使我国高铁列车及动车组技术处于世界行业前列。

2017 年，具有自主知识产权的中国标准动车组“复兴号”通车运营，这正是我国高铁列车及动车组技术原始创新的优秀成果，它创造性地实现了动车组在网络化制动、牵引、网络化控制的自主化，实现了我国高铁列车及动车组的全面自主化。

我国高铁列车及动车组追求原始创新的步伐从未停滞不前。当前国内在用动车组，无论是“和谐号”还是“复兴号”，均是按 8 节或者 16 节车厢固定编组，然而固定编组存在的维修难、不利于灵活应对客流等弊端日益凸显。基于此，中国中车唐山机车车辆有限公司研制了新型可变编组动车组，能够在 2～16 节范围内随意搭配车厢。同时，其建立的时速 160～350 km 的工业化平台，能够大幅提高动车组生产、制造、检修和维护的效率，使高速铁路列车更安全、可靠、经济的运行。作为我国高铁列车及动车组原始创新的硕果，新型可变编组动车组及其工业化平台在世界高端装备制造业领域占有领先地位，是深刻践行供给侧结构性改革的重要举措，具有划时代的创新意义。

6.2.3 从“CRH”到“中国新型可变编组标准动车组”的创新发展路径

高速铁路是集多种高新技术于一身的复杂系统，中国高速铁路坚持创新发展，短短十多年的时间走出了一条具有中国特色的高速铁路发展之路，成为世界上高速铁路规模最大、发展速度最快的国家。图 6 - 6 列示了我国不同阶段动车组创新发展路径。

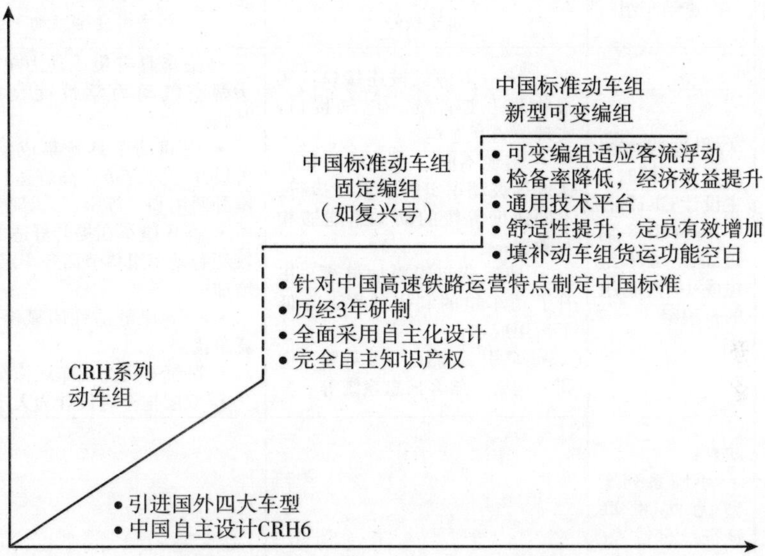

图 6 - 6　我国不同阶段动车组创新发展路径

如图 6 - 6 所示，我国 CRH 系列动车组的发展是渐进式的，弥补了我国没有高速动车组的发展缺陷。然而，CRH 系列主要是引进国外车型，符合原属国国情，但并不能完全满足和适应我国高速、长交路、大运量、长时间持续运行的需求。继后，我国研发了完全自主创新的中国标准动车组，采用符合我国国情的中国标准，并且能够实现互联互通及列车的相互救援，其发展是跳跃式的。此后，中国中车公司在中国标准动车组的基础上，继续研发新型可变编组动车组，克服了原有动车组固定编组经济效益低、难以应对客流起伏变化等缺陷，突破性地实现了可变编组，同时研发了通用的工业化平台，这在我国高速铁路发展史上是跳跃式突破。我国不同阶段高速动车组对比如表 6 - 2 所示。

表 6－2　我国不同阶段高速动车组对比

	CRH 系列 高速动车组	中国标准动车组	
		如复兴号	新型可变编组动车组
技术参数	• 引进四大国外车型，同时自主设计 CRH6； • 由两组 8 辆短编组动车组组成 16 辆编组的长编组	• 统一车钩机械连接口，实现物理互连；统一电气接口，实现逻辑互连； • 实现不同厂家生产的相同速度等级动车组能够重联运行、不同速度等级的动车组能够相互救援； • 使运营组织更加灵活，提升了动车组的利用效率，降低了运用成本； • 牵引、高压、转向架、空调、网络、旅客信息系统等	• 头车具有集成动力单元，车头头型空气动力学性能良好，视野开阔； • 中间动车具备集成动力单元，可设计为大定员、高舒适性的卧铺、座卧两用和一等座、二等座车； • 商务座车在提升舒适度的同时，较现有动车组单节商务车定员有大幅增加 • 一等座舒适性明显提升，更具竞争优势； • 卧铺车可为动车或拖车； • 双层拖车可设计为大定员
技术对比	缺点： • 不同系列车型无法重联运行； • 列车无法互相救援； • 救援设备不通用； • 司机、乘务维修人员培训重复； • 车站设施重复； • 基于国外既有车型，适合原属国国情，并不能完全满足我国高速、长交路、大运量、长时间持续运行的需求	缺点： • 繁忙干线车次密度区域饱和，运能和需求不相适应的矛盾突出； • 动车组编组固定，调节能力不足，经济效益亟待提升	优点： • 检备率低、编组可变、通用技术平台，包含适应于长交路的高舒适性大定员卧铺车和座卧两用车，以及适应中短途、大运量城际双层车，并具备旅客行包快件运输功能的新型动车组； • 提高动车安全性和可靠性； • 降低人均制造和能耗成本； • 大幅提高载客能力； • 大幅提升旅客乘车方便性和舒适性，填补了动车组中货运功能空白
技术标准	采用欧洲标准和日本标准	中国标准体系占主导地位（在 254 项重要标准中，中国标准占 84%）	是中国标准动车组“家族成员”，实现了可变编组的创新技术突破

（资料来源：根据中国中车资料搜集整理）

6.2.4 “政府主导、企业主动、科研拉动”的三主体协同创新模式

在中国高速铁路创新发展的引进、吸收和自主创新这三个阶段中，政府一直发挥着主导作用，提供政策和资金支持；作为研发主体，中国中车股份有限公司积极主动，坚持自主研发；作为智囊主体，在交通领域积淀深厚的高校及研究所，坚持献智献策，是中国高速铁路创新发展的科研动力。政府、企业、科研机构这三个主体，形成了中国高速铁路政产研紧密结合的混合组织。本书用图 6－9 刻画三主体协同创新模式。

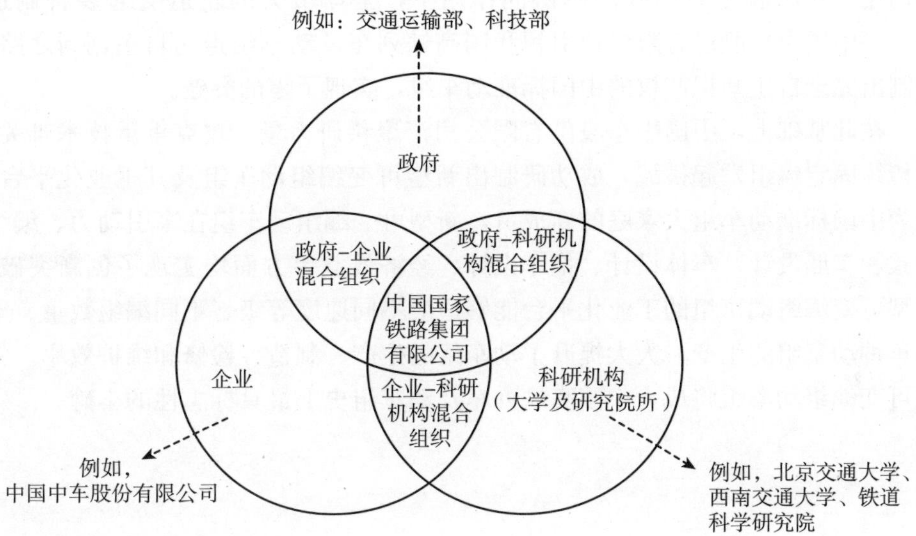

图 6－9　政府、企业、科研机构三主体的协同创新

如图 6－9 所示，高速铁路的创新模式其实是政府引导的政产研模式，主要通过政府、企业和大学及研究院所三方主体进行协同创新，这也简称为政产研协同创新（本书所提及）。其中核心是中国国家铁路集团有限公司，能够将政产研资源有效配置。政府处于主导地位，典型代表是交通运输部、科技部等；企业作为研发主体，典型代表是中国中车股份有限公司。其中，大学处于科研支撑地位，典型代表如北京交通大学等高校，为高速铁路的研发提供了智

力支持和科研人才储备。

6.3 我国高铁列车及动车组的创新发展模式小结

综上可见，我国高铁列车及动车组通过用市场换技术，实现了对国外技术的消化。在政府主导的政产研协同作用下，全球最大的轨道交通装备制造商——中国中车股份有限公司引领我国高铁列车及动车组走向自主创新之路，研制出完全自主知识产权的中国标准动车组，实现了零的突破。

在此基础上，中国中车股份有限公司汇聚科研力量，攻克重重技术难关，对传统固定编组发起挑战，成功研制出新型可变编组动车组及其工业化平台。作为中国标准动车组大家庭的新成员，新型可变编组动车组在牵引动力、编组方式、车厢设计、车体设计、拖车设计、经济效益等方面均实现了创新突破。新型可变编组动车组的工业化平台能够适应不同速度等级、不同编组数量、不同车种动车组的生产，大大提升了动车组的生产、制造、检修和维护效率。新型可变编组动车组将成为中国高铁列车及动车组史上最具标志性的丰碑。

第7章
新型可变编组动车组创新特点及优势分析

随着全球化进程日益加快，各国将创新视为国家的核心生产力。对于高铁列车及动车组而言，创新不仅是行业领先的孜孜追求，更是对国家供给侧改革的深刻践行。新型可变编组动车组在此背景下应运而生。本章介绍了新型可变编组动车组的创新特点及其优势，同时也着重对新型可变编组的核心理念之一，即其工业化平台的创新优势进行了介绍。

7.1 新型可变编组动车组简介

在 2017 年成功研制并运营时速 350 km“复兴号”中国标准动车组的基础上，中国国家铁路集团有限公司以中国铁路运输和服务需求为导向，加强顶层设计，持续完善“复兴号”动车组“家族”体系。新型可变编组动车组是由全球最大的轨道交通装备制造商——中国中车股份有限公司研发，由中国中车唐山机车车辆有限公司生产。新型可变编组动车组完全按照中国标准设计，属于中国标准动车组，是具有中国完全自主知识产权的划时代创新成果，可变编组理念和工业化平台理念居于世界前列。

新型可变编组动车组采用牵引动力集成单元、自动识别可变编组的网络控制系统，以及能适应可变编组、通用化、模块化的制动系统，打破了必须固定编组的桎梏。另外，创新设计的全功能厨房设备也令人耳目一新；创新设计的餐货合造车下舱快运功能，使动车组增加了快捷运输功能。此外，设计新颖的纵向卧铺（硬卧）、座卧转化车（软卧）、VIP 座车、商务座车、头车商务区、城际二等座等不仅极大地提高了乘客的舒适性、安全性和私密性，而且能够有效增加定员，提升承载效率。新型可变编组动车组概念样车如图 7－1所示。

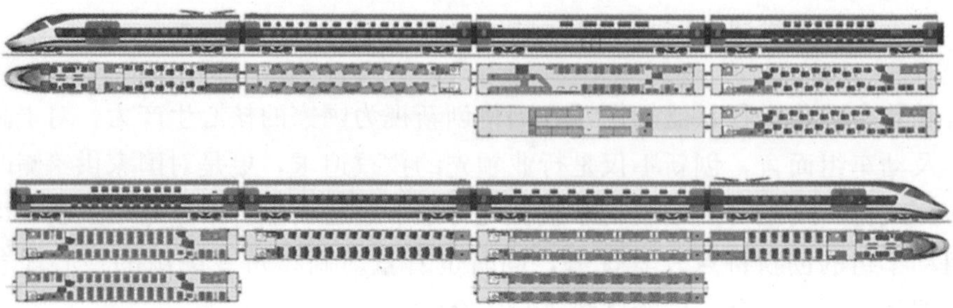

图 7-1　新型可变编组动车组概念样车

新型可变编组动车组的另一个核心理念是工业化平台，它能够实现不同编组数量、160～350 km/h 不同速度等级、不同车种动车组等方面的生产。新研发的工业化平台适应线路特点，方便调度和检修，能够大幅提高动车组生产、制造、检修和维护的效率，使动车组运行更加安全、可靠、经济。

新型可变编组动车组及其工业化平台是我国完全自主知识产权的突破性成果，更是推进和深化我国交通运输领域供给侧结构改革的积极实践，具有里程碑式意义。

7.2　国内外既有动车组的现存问题

现阶段国内外既有动车组技术不断进步，但仍存在因列车故障影响整列车使用、不能灵活应对客流变化等亟待解决的问题。

7.2.1　国外既有动车组的现存问题

当前，世界高速动车组经过 50 多年的发展，技术体系较为成熟，如日本新干线、法国 TGV（AGV）、德国 ICE、意大利 ETR 等。国外主要既有动车组车型及技术参数如表 7－1 所示。

表 7－1　国外主要既有动车组车型及技术参数

车型	efSET	LO 系列	Italo	ICE 4	双层 NGT	ETR 1000	HEMU-430X
所属国	日本	日本	意大利	德国	德国	意大利	韩国
牵引方式	动力分散	—	动力分散	动力分散	动力分散	动力分散	动力分散
编组/辆	8	5	7～14	7/10	10	8	6
动力配置	6M2T	—	—	3M4T/5M5T	2M8T	4M4T	—
最大运行速度/(km/h)	350	500	300	230/249	400	360	370
定员/人	（约）575	中间车定员 68	250～650	365/701	1 600	477	中间车定员 160
牵引功率/kW	（约）9 700	—	8 000	4950/8250	—	9800	—

数据来源：韩文娟，董晓鹏．国外高速动车组的发展趋势分析［J］．机车车辆工艺，2017（4）．

国外既有动车组技术虽较成熟，但目前仍存在问题。在编组方式上，国外现有动车组车型无一例外地都采取固定编组，固定编组动车组采用全列动力分散设计，由两部车头、若干动车和若干拖车编组而成。无论是 8 节车厢动车组的“标准列”，还是 16 节车厢动车组的“重联”，都由于编组固定、不可拆编，在实际运输中对运营企业的制约越来越明显。

此外，一列动车组由上万个零部件、上百个单元、几十个系统组成，至少需要几日到几周才能修好。现有动车组如需维护保养，因其不能拆编，所以要整列车进行。一个小故障导致整列车入库维修，无疑降低了车辆的使用效率。

7.2.2　国内既有动车组的现存问题

目前，我国大量生产的动力分散式动车组，由于制造成本和运用成本过高，影响了高速铁路列车的持续发展。国内动车组标准包含欧系及日系两个体系，共有 CRH1、CRH2、CRH3、CRH5、CRH380 等多个平台的 14 个系列，具体如表 7－2 所示。

表 7-2　国内既有动车组车型介绍

具体车型	简　介
CRH1 型动车组	CRH1 型动车组由庞巴迪公司设计、四方-庞巴迪公司制造，先后研发了 CRH1A/1B/1E 型动车组，速度等级在 200～250 km/h 之间，均为不锈钢车体
CRH2 型动车组	CRH2 型动车组是四方公司在吸收引进日本川崎重工高速铁路技术的基础上开发设计的，先后开发了 CRH2A/2B/2E 型动车组，速度等级在 200～250 km/h 之间
CRH3 型动车组	CRH3 型动车组是唐山轨道客车有限公司（以下简称唐车公司）在消化吸收德国西门子高速铁路技术的基础上开发设计的，先后开发了 CRH3C/380BL 型动车组，速度等级在 300～350 km/h 之间
CRH5 型动车组	CRH5 型动车组是北车长春轨道客车股份有限公司（以下简称长客股份）在消化吸收阿尔斯通高速铁路技术的基础上开发设计的车型，速度等级在 200～250 km/h 之间
CRH380A/AL 型动车组	在消化吸收 CRH2 型动车组核心技术的基础上，四方公司开发了 CRH380A/AL 型动车组，速度等级在 300～350km/h 之间
CRH380B/BL 型动车组	唐车公司基于 CRH3 型动车组的技术，开发了 CRH380BL 型动车组，速度等级在 300～350 km/h 之间。长客股份开发了 CRH380B 高寒型动车组，其速度等级在 300～350 km/h 之间
CRH380CL 型动车组	长客股份在消化吸收 CRH3 型动车组技术的基础上，开发了 CRH380CL 型动车组，其速度等级在 300～350 km/h 之间
CRH380D 型动车组	四方-庞巴迪公司在 CRH1 型动车组的基础上，开发了 CRH380D 型动车组，其速度等级在 300～350 km/h 之间，车体为铝合金车体

国内既有的高铁列车及动车组虽然实现了技术进步，但目前仍存在以下问题。

首先，同一速度等级下的不同车型之间存在较大差异，表现在不同技术平台下各车型的车体、转向架、牵引等主要系统不同，在通信方式、车钩型式、电源制式、定员、检修修程修制、易损易耗件等方面也不同，不但在检修模式上无法统一，无法实现互连运行，甚至相互救援也不能实现。

其次，即使同一平台、同一速度等级的同一车型也可能存在差异。比如 CRH1A、CRH2A、CRH5A 虽属同一车型，但在定员方面存在一、二等车数量上的不同。这些车型之间的差异给运营组织管理、互连互通及检修维护等带来了极大的不便。

京沪高铁、京津城际的客流量较人，以这两条铁路为例，一列 8 辆编组动车组的年均检修维护费用占采购成本的 8%～12%，年均运维成本超过 1 500

万元。而且动车组的检修备用率也高达 25％以上，主要体现在既有运营的动车组的高级修周期较长。目前的修理方式包括高级修、定期修、故障修，然而无论是哪种修理方式均需占用整列动车，从而会影响动车组的运营效率。中国动车组的标准化、系列化、统型化进程亟待加强，动车组统型迫在眉睫。

最后，国内动车组目前都采用固定编组，难以应对客流高峰。我国幅员辽阔，客流量大，铁路运输有客流淡、旺季之分，春运期间和平时差别较大；各线路繁忙程度也不同，中西部地区和东部沿海地区不能等量齐观。固定编组动车组不能增加车厢应付客流高峰，也不能减少车厢以减少支出或避免运力浪费，运能和客流常常形成冲突。此外，固定编组也不利于维修。以更换一块车窗为例，固定编组下该工作一般需要 2～3 天，如果是车头挡风玻璃则需要 10 天以上，期间整列动车组无法运营。如果换成可变编组动车组，则只需拆解需要维修的那节列车。据预测，可变编组动车组投运后，可帮助运营企业减少备用车 50％以上，从而可以缓解高速铁路的盈利压力。

7.3　新型可变编组动车组的创新特点分析

新型可变编组动车组改进现有列车功能，可动态编组，大大提高了运量，降低了成本，提高了效率。

1. 先进性

① 突破动力集成、网络控制等关键技术，通过模块化、系列化、人性化的创新设计，搭建时速 160～350 km 的不同等级，可实现 2～16 辆可变编组的完全创新并具有统一性的技术平台；单节车头可独立运行；时速 160 km 动车组车体可为铝合金或不锈钢。

② 单节动车具备完全动力功能，可单层或双层；模块化设计，生产制造工艺优化，质量效率提升。

③ 人均制造成本、运用成本、能耗显著下降。

④ 检修维护效率提高，运输能力大幅提升，旅客乘车时倍感舒适和方便。

图 7 - 2 为时速 350 km 的新型可变编组动车组的车厢。

图 7 - 2　时速 350 km 的新型可变编组动车组车厢

2. 可靠性

新型可变编组动车组吸收既有动车组技术，在总结多年运用维护经验的基础上，进行大量优化和创新设计，提高了安全性和可靠性。

① 实现单元动力集成化，网络控制满足 IEC 61375 的通信要求，采用成熟的网络结构和硬件配置，减少了列车电力及控制连线等，提高了稳定性和可靠性。

② 单节动车具备完整动力配置，动力冗余增强，动车发生故障时可单节解除。例如在 16 辆 8M8T 编组中，连续 2 辆动车发生故障时，仍能慢速运行。

③ 牵引动力单元主要部件及系统选用既有动车组成功验证或成熟运用的产品。

④ 在综合分析 CRH 系列转向架优缺点的基础上，转向架进行集成优化设计。

3. 舒适性

CRH3X 型动车组在旅客界面方面有非常大的改进，餐车车厢采用双层设计，上层为餐饮区，下层为 60 m^3 货运舱，可容纳 8 t 的物品，增加了快运服务功能。此外，卧铺车铺位纵向布局、商务车座椅可坐卧调节等均为全新设计。

① 头车。充分利用空气动力学原理，采用加长的流线型设计；为了开阔视野，还在司机室增开了两侧车窗。

② 卧铺车厢。铺位创新性纵向布局，实现一人一窗、独立空间，茶桌、影视系统齐备，极大地提高了私密性和舒适性；具有高舒适性及私密性的可旋转换向的商务座卧两用座椅，满足了乘客多方位需求。

③ 商务车厢。商务座椅坐、卧方式可转换并可转换方向，自由进出、一人一窗，茶桌、影视系统齐备，还设计了单独休闲吧区。

④ 餐车车厢。车厢的上层是配备高效油烟处理设备同时可以自行烹饪的餐饮区，餐车的下层是 30 m^3 的运货舱，这样独特的设计增加了快运服务功能。

⑤ 为了增加城际车的舒适性，保持乘坐与行车的方向一致，城际座车别出心裁地采用了翻背式座椅。

⑥ 一等座车。为增强乘客的舒适度，座椅设置了腿靠功能。

4. 经济性

就经济效益而言，可变编组动车组的制造成本与 CRH 同类型动车组相当，但在硬卧、商务座、双层座车定员上，可变编组动车组比 CRH 同类型动车组增加了 50%、70%和 56%的运力。这意味着制造成本和人均能耗大幅降低，运营收入大幅提高。

① 优化了生产工艺，模块化制造动车和拖车。由于进一步优化了生产工艺，故车辆定员人数增加的同时质量也得到了保证，同时与 CRH 同类型动车组相比，定员成本也下降 33%以上。

② 实现单车备用及替换检修，使检备率较 CRH 同类型动车组下降 50%以上。

③ 单列定员平均增加 50%以上，运能和运营效率大幅提高。

④ 运能的提高使动车组人均能耗较 CRH 同类型动车组下降 40%以上。

⑤ 实现动车组座、卧功能转换，卧铺列车的利用率成倍提高。

5. 实用性

新型可变编组动车组完全按照中国动车组标准设计、生产，属于中国标准动车组“大家庭”的成员，在实用性方面具有如下特点。

① 一个平台，多种用途。集成化、模块化、统一化的设计平台，可制造

不同速度等级的动车组；通过调节动、拖车配置数量和部分参数及车种，可提供单、双层铝合金短编车组和长编车组及其他多车混编配置选择；可实现时速160～250 km和250～350 km不同速度等级动力配置的通用技术平台，能满足城际、中短途交路、干线长大交路及干线中长途等不同运输方式的需要。

② 便捷拆解，快速维修。动车各项功能设计相对独立，且拖车设计比较简约，上述创新型改造使得动、拖车的关联程度得到弱化，因此故障车的拆解、更换、维修更加便捷，且可自行调车编组，更换故障车，提高了故障处理效率。

6. 创新性

① 动力相对集中，同时可单、双层互编。

② 具有模块化和通用型的不同速度等级、不同运用需求的统一技术平台。

③ 创新设计的全新车型。包括：大断面、低阻力并具备动力系统的车头，涵盖干线座车、商务座车、餐货合造车、城际座车等新型的双层拖车，新型大定员卧铺车等系列车型。

④ 关键系统技术创新。主要包括集成式牵引动力单元，自动识别可变编组的网络控制系统，可适应可变编组、具备通用接口的制动系统，可同时适应单层和双层车辆的大断面铝合金车体、转向架及便捷编挂的车间连接系统等。

⑤ 功能型设备、设施创新。主要包括空间和功能独立的纵向布局新型卧铺，卧、座可转换的纵向布局软卧，空间和功能独立并具有高舒适性及私密性的可旋转换向的商务座卧两用座椅，可烹饪全功能厨房，高效率厨房油烟净化系统，小型集装箱及旅客行李快运货仓，高舒适性一等座椅，城际车用翻背式可变向座椅等。

7.4 新型可变编组动车组的创新优势分析

新型可变编组动车组攻克集成式牵引动力单元、网络控制系统、通用接口制动系统等一系列技术难题，取得完全自主知识产权。另外，新型可变编组动车组项目中的多功能车头、可坐卧转换软卧车、商务座车、双层车等车型设计，特别是双层动车组餐车与货运结合，在传统动车组上取得了很大创新，优势明显，具有很强的推广性。

7.4.1　基于工业化平台的设计优势分析

新型可变编组动车组的核心理念是建立速度为 160～350 km/h 的统一工业化平台，大幅提高动车组生产、制造、检修和维护的效率，使高铁列车及动车组更安全、可靠、经济的运行，保持其可持续发展。

新型可变编组动车组工业化平台具有卓越的通用性。一方面，新型可变编组动车组工业化平台充分考虑了我国线路的轮轨关系、弓网关系、列车控制条件，是按我国的实际运用环境进行设计制造的。新型可变编组动车组工业化平台实现统一化、模块化、谱系化，是适合中国未来发展的统一的总体技术方案。另一方面，统一的工业化平台在生产制造方面可以缩短研发设计及验证的周期，提高可靠性、安全性，主要系统部件具有通用性，可大幅降低零部件的采购成本，提高动车组的检修利用率，提高产品质量并降低制造成本，进而在生产制造上提升效益。

综上，通过模块化、系列化、人性化的创新设计，新型可变编组动车组实现了搭建不同速度等级、2～16 辆可变编组的完全创新，并具有统一的技术平台；拥有创新设计的全新车型，能满足长、中、短途等不同运输线路的需要；进行了功能型设施创新，包括可烹饪全功能厨房、小型集装箱及旅客行李快运货仓等。高速铁路通过重新构建运输组织模式，充分利用科技优势及创新发展思维，依托市场需求导向，为国家创造了更大的经济效益。

7.4.2　基于工业化平台的成本节约优势分析

1. 动力集中、可变编组降低了检修备用率，节省了整车的购置成本

1）CRH 动力分散动车组检备情况分析

CRH 动力分散动车组检备数量由高级修备用，一、二级检修备用和临修备用三部分组成。目前，我国铁路投入运营的动车组数量为 2 000 列，以每列年均运行 60 万 km 计算，8 年完成一个高级修循环，每年需进行三级修、四级修和五级修的动车组约有 1 000 列（三级修 500 列，四级修 250 列，五级修 250 列）。除去春运 40 天，每年实际有效检修时间大约为 320 天。三级修每 0.64 天须送检 1 列，四级修、五级修每 1.28 天须送检 1 列。表 7－3 和表 7－4 分别是动车组检修循环周期和动车组在厂检修周期。

表 7－3　动车组检修循环周期

修　程	三级修	四级修	五级修
运行里程/万 km	120	240	480

表 7－4　动车组在厂检修周期

修　程	检修周期/天
三级修	35
四级修	70
五级修	90

（1）高级修备用数量

动车组运行时间或里程达到规定条件时，需要进行三级修、四级修、五级修，从而使投入运营的列车数量减少。为了确保完成运营任务，需要配置高级修备用动车组。表 7－5 是高级修备用动车组数量。

表 7－5　高级修备用动车组数量

修　程	检修周期/天	年均检修数量/列	送修频率	需备用数量/列
三级修	35	500	0.64	54
四级修	70	250	1.28	54
五级修	90	250	1.28	70
合　计				178

注：即需要 178 列动车组动态周转才能完成 500 列动车组的检修任务。实际上因回送动车、检修配件等问题，周转数量要大于 178 列。

（2）一、二级检修备用数量

一列动车组年运行 60 万 km，需停运检修 30 次，其中检修周期为 1 天的

24 次，检修周期为 2 天的 4 次，检修周期为 3 天的 2 次，合计 38 天。2 000 列动车组每天要有 208 列动车组停运开展一、二级检修。表 7－6 是动车组各级检修修程。

表 7－6 动车组各级检修修程

修 程	走行里程/km
I1	4 000
I2	20 000
M1	100 000
M2	400 000
M3	800 000
三级修	1 200 000
四级修	2 400 000
五级修	4 800 000

（3）临修备用数量

动车组发生故障时，如侧窗玻璃破损、风挡玻璃破损、轮对损坏等，需要进行停运临时检修，其中有 10 类故障检修需要 2～3 天。据初步统计，每年每列车至少发生 9 次停运临修，平均每次 2 天。2 000 列动车组每天要有 100 列动车组停运开展临修。表 7－7 是 CRH 动力分散动车组备用数量。

表 7－7 CRH 动力分散动车组备用数量

修 程	备用数量/列	比例
临修周转	100	5.0%
一、二级修周转	208	10.4%
三、四和五级修周转	178	8.9%
合 计	486	24.3%

注：如果每列动车组平均每年运行未达到 60 万 km，检修量会相应减少，但利用率也会降低。

结论：根据以上计算可知，2 000 列 CRH 动力分散动车组检修备用率为 5%＋10.4%＋8.9%＝24.3%。

2）CRH 新型可变编组动车组检备情况分析

CRH 新型可变编组动车组能够实现动力单元与拖车快速解编，分别进行检修，适度增加动力单元数量能够有效降低拖车备用数量。

（1）高级修备用数量

表 7－8 是高级修备用动车组数量。

表 7－8　高级修备用动车组数量

种　类	修　程	高级修周期/天	年均检修数量/列	送修频率	高级修备用数量/列	动力单元与拖车检修周期差距需增加数量/列
拖车	三级修	15	500	0.64	23	—
	四级修	30	250	1.28	23	—
	五级修	40	250	1.28	31	—
	合　计				77	—
动力单元每列 2 组	三级修	35	500	0.64	54	30
	四级修	45	250	1.28	35	10
	五级修	60	250	1.28	46	14
	合　计				135	54

注：动力相对集中动车组检修时解编容易，动力单元调试简单，没有列调，检修周期大幅缩短，只需额外配备 54 列周转动力车组，即可完成检修任务。

（2）一、二级修和临修备用数量

目前，动力分散动车组平均检修作业时间为 2 天，采用 CRH 新型可变编组动车组通过更换车辆的方式，平均检修作业时间可缩短为 1 天。所以，备用车可以以动力单元和拖车为单位，而不是以一个固定编组为单位。备用车数量可以为原备用动车组车辆总数的 50%，即 2 000 列 CRH 新型可变编组动车组一、二级修和临修备用数量为 154 列。

结论：按以上计算，2 000 列 CRH 新型可变编组动车组检修备用率为 7.7%＋6.55%＝14.25%。

3）检备率对比

表 7－9 是检备率对比表。

表7-9　检备率对比表

车　　型	一、二级修和临修检备率	高级修检备率	合　计
CRH动力分散动车组	15.4%	8.90%	24.30%
CRH新型可变编组动车组	7.7%	6.55%	14.25%

CRH动力分散动车组与CRH新型可变编组动车组检备率相差24.30%－14.25%＝10.05%。

4）降低整车的制造成本

现行时速200 km的16辆编组CRH1、CRH2、CRH5动车组的制造成本为每列2.02亿元左右；CRH新型可变编组动车组的制造成本为每列1.62亿元，其中动力单元两组0.84亿元，拖车每辆780万元（10辆0.78亿元），两者相比，制造成本降低20%。

5）节省整车采购成本

2 000列保有量减少的采购成本为24.30%×2 000×2.02－14.25%×2 000×1.62＝520亿元。

2. 新型可变编组动车组工业化平台节约总成本统计

新型可变编组动车组工业化平台节约总成本统计如表7-10所示。

表7-10　新型可变编组动车组工业化平台节约总成本统计

	项　　目	原　方　案	可变编组平台
现行2 000列	车组数	2 000列	2 000列
	备用车	500列（25%）	300列（15%）
	减少采购成本	按平均每列1.8亿元	360亿元
	每年减少折旧费	按5%折旧	18亿元
	每年减少检修费用	按5%检修	18亿元
	每年减少职工薪酬	每列车需10人维护，人均月薪酬4 000元	0.08亿元
	成本节约合计	396.1亿元	

续表

	项　目	原　方　案	可变编组平台
2020 年 3 500 列	车组数	3 500 列	3 500 列
	备用车	875 列（25%）	525 列（15%）
	减少采购成本	按平均每列 1.8 亿元	630 亿元
	每年减少折旧费	按 5%折旧	31.5 亿元
	每年减少检修费用	按 5%检修	31.5 亿元
	每年减少职工薪酬	每列车需 10 人维护，人均月薪酬 4 000 元	0.14 亿元
	成本节约合计	693.1 亿元	
2025 年 5 000 列	车组数	5 000 列	5 000 列
	备用车	1 250 列（25%）	750 列（15%）
	减少采购成本	按平均每列 1.8 亿元	900 亿元
	每年减少折旧费	按 5%折旧	45 亿元
	每年减少检修费用	按 5%检修	45 亿元
	每年减少职工薪酬	每列车需 10 人维护，人均月薪酬 4 000 元	0.2 亿元
	成本节约合计	990.2 亿元	

综上，根据客流密度及乘客对速度等级的不同需求，新型可变编组动车组可组成时速不同、编组不同的动车组。根据车票售出情况，在客流高峰期（节假日、春运等）可选择较长的编组，在客流低峰期可采取较短的编组，同时在长途线路编制卧铺动车组，满足长途旅客的舒适性需求，提高客座率，使列车资源得到充分利用。新型可变编组系列动车组能缓解“大运能、小客流”和“小运能、大客流”的矛盾，满足高、低端需求，能提高运输装备的利用率。

7.4.3　基于工业化平台的经济效益优势分析

新型可变编组动车组各车型的具体经济效益如下。

1. 卧铺动车组

单节硬卧车定员 60 人，相比 CRH 同系列每节 40 人的定员增加了 20 人，车厢运能提升 50%，定员制造成本降低 33%，运能和收入大幅提高。

如图 7-3 所示，原卧铺车单节车厢定员为 40 人，16 辆编组列车为 530 个卧铺，110 个二等座（2 个座位等于一个卧铺），最高定员 585 人。按京广线现行票价估算，单列 16 辆编组原卧铺车全年收入为 2.1 亿元（585×1 000×365）。假设每日开行 100 列，则年收入约为 210 亿元，按 75%的上座率，全年可实现收入约 157 亿元。

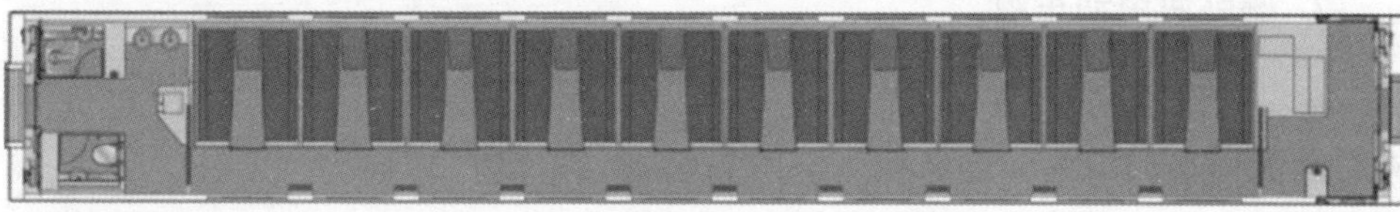

图 7-3　既有单节动卧车结构图

如图 7-4 所示，新型卧铺车单节车厢定员为 60 人，16 辆编组列车为 880 个卧铺，最高定员为 880 人。按京广线现行票价估算，单列 16 辆编组卧铺车全年收入为 3.2 亿元（880×1 000×365）。假设每日开行 100 列，则年收入为 320 亿元，按 75%的上座率，全年可实现收入约 240 亿元。

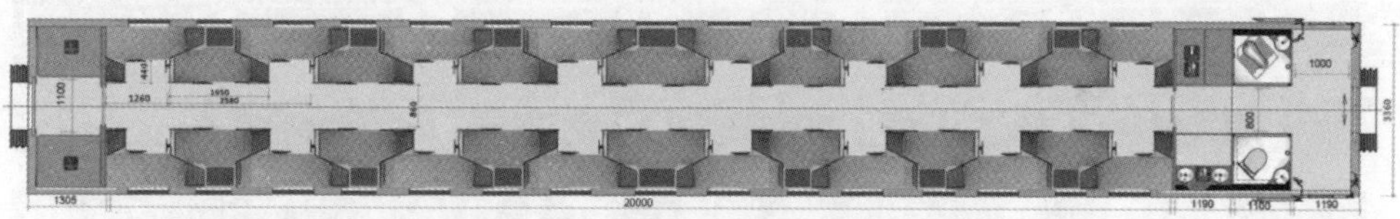

图 7-4　新型单节动卧车结构图

表 7-11 是卧铺动车组预期收益情况。至 2025 年，若在“八纵八横”高速铁路线上增开 2 000 km 长交路卧铺 250 对，每年可增收 1 100 亿～1 400 亿元。

表 7-11　卧铺动车组预期收益情况

	原方案 16 辆编组	新方案 16 辆编组	增加收入	按 75%的上座率增收
最高定员	530+110/2=585 人	880 人	—	—
目前 100 列卧铺车全年收入	210 亿元	320 亿元	110 亿元	83 亿元

续表

	原方案16辆编组	新方案16辆编组	增加收入	按75%的上座率增收
2020年开行250列卧铺车全年收入	210×250/100=525亿元	320×250/100=800亿元	275亿元	206亿元
2025年开行600列卧铺车全年收入	210×600/100=525亿元	320×600/100=1 920亿元	1 395亿元	1 046亿元

2. 座卧两用动车组

单节可转换为“2+2”座椅的软卧车，软卧铺定员40人，座位定员80人，卧铺列车利用率大大提高。上层为卧铺，下层可转换为二等座。图7-5为新型单节座卧转换车结构图，图7-6为新型座卧转换车细节图。原16辆编组列车最高定员为585人（卧铺），新方案16辆编组卧铺定员580人，二等座定员1 160人，新车型较既有车型增加1 160个二等座定员。假设往返各2 000 km，二等座0.41元/km，单列16辆编组坐卧转换车全年收入为3.47亿元（1 160×2 000×0.41×365），假设每日开行100列，则年收入约为347亿元（具体见表7-12）。

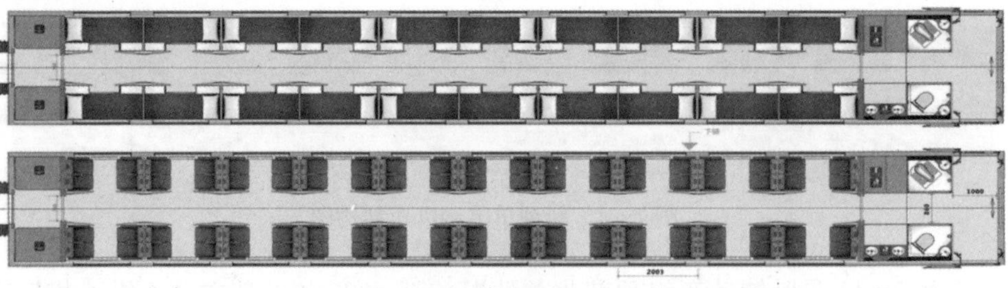

图7-5 新型单节座卧转换车结构图

图7-6 新型座卧转换车细节图

表 7-12　座卧转换车预期收益

	原方案 16 辆编组	新方案 16 辆编组	增加收入（二等座定员 1 160 人）	按 75%上座率增收
	最高定员			
现行 100 列卧铺车全年收入	530+110/2=585 人	二等座：1 160 人 卧铺：580 人	347 亿元	274 亿元
2020 年开行 250 列卧铺车全年收入			913 亿元	685 亿元
2025 年开行 600 列卧铺车全年收入			2 190 亿元	1 643 亿元

至 2025 年，若在“八纵八横”高铁线上增开 2 000 km 长交路座卧转换动车组 250 对，每年可增收 1 500 亿～2 200 亿元。

3. VIP 座车、商务座车

客流量每周的波动情况受工作日影响较大，特别是商务座。在京沪线出行的旅客中，多为商务出差人员，周一、周五及周日对商务座的需求较大。原动车组的商务座车定员为 24 人（见图 7-7）。目前运行的动车组数量为 2 000列，实际上座率为 30%，假设每列车编入一节商务座车，2 000 列全年收入（单日按 1 500 km×2 计算）约为 209 亿元（1 986×2×24×2 000×365×30%）。

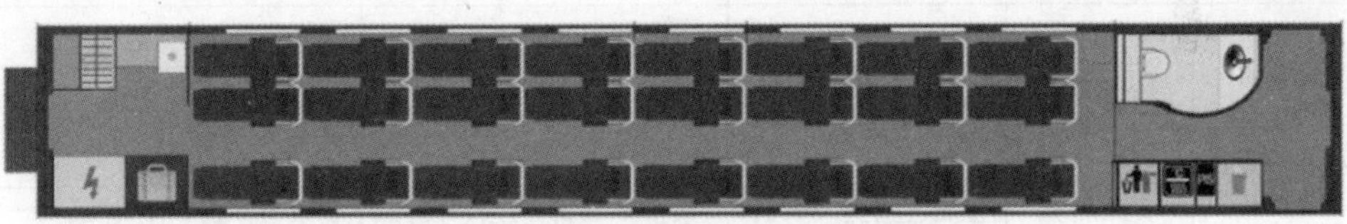

图 7-7　既有单节商务座车结构图

新型单节 VIP 座车定员 32 人（见图 7-8），相比 CRH 同系列动车组每节定员增加 8 人，单节车厢运能可提升 33%，定员制造成本降低 25%。新型单节商务座车定员 42 人（见图 7-9），相比 CRH 同系列动车组每节定员增加 18 人，单节车厢运能可提升 75%，定员制造成本降低 42%。在周一、周五及周日以外的时间可适当下调商务座票价，提高客座率，运能和收入均将大幅提高，具体如表 7-13 所示。

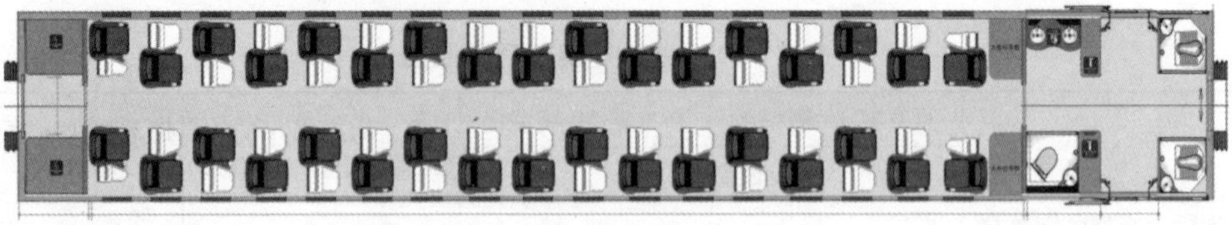

图 7－8　新型单节 VIP 座车结构图

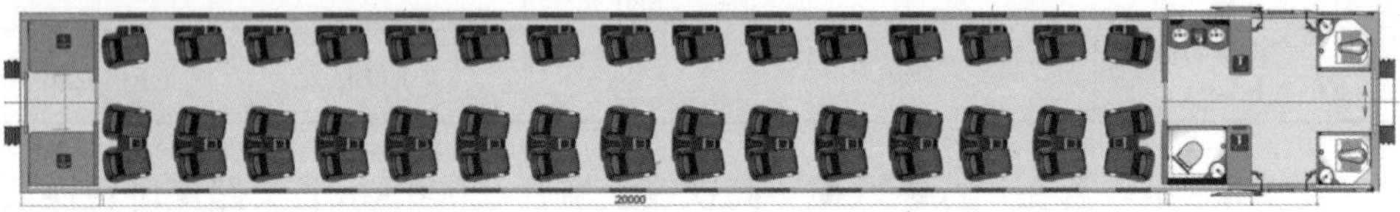

图 7－9　新型单节商务座车结构图

表 7－13　新型 VIP 座车、商务座车预期收益

方案		原方案（编入一节）	VIP 座车（编入一节）	商务座车（编入一节）
定员		24 人	32 人	42 人
现行 2 000 列动车商务座车收入	全年收入	693.5 亿元	927.1 亿元	1 217.8 亿元
	年增收入	—	233.6 亿元	524.3 亿元
	折扣空间	—	7.5 折	6 折
	实际测算年收入	实际上座率 30%，208 亿元	票价 7.5 折，上座 75%，521 亿元（增收 313 亿元）	票价 6 折，上座 85%，584 亿元（增收 376 亿元）
2020 年 3 500 列动车商务座车收入	全年收入	1 213.6 亿元	1 622.4 亿元	2 131.1 亿元
	年增收入	—	408.8 亿元	917.5 亿元
	折扣空间		7.5 折	6 折
	实际测算年收入	实际上座率 30%，364 亿元	票价 7.5 折，上座 75% 913 亿元（增收 549 亿元）	票价 6 折，上座 85% 1 023 亿元（增收 659 亿元）
2025 年 5 000 列动车商务座车收入	全年收入	1 733.8 亿元	2 317.8 亿元	3 044.5 亿元
	年增收入	—	584 亿元	1 310.7 亿元
	折扣空间	—	7.5 折	6 折
	实际测算年收入	实际上座率 30%，520 亿元	票价 7.5 折，上座 75% 1 304 亿元（增收 784 亿元）	票价 6 折，上座 85% 1 461 亿元（增收 941 亿元）

综上，至 2025 年，若将新型商务座车、VIP 座车（单节）编入在“八纵八横”高速铁路线上运行的 5 000 列动车组中，每年可增收 800 亿～1 500 亿元。

4. 双层列车

将双层列车运行在客流饱和路段，可提高运能和收入，同时从车辆方案上解决运能，缓解线路压力，减少线路投资；将双层列车运行到一般线路上，相同运量，可减少路局车组数量，减少固定资产投资。图 7－10 为双层二等座车、双层一等座车和双层 VIP 座车截面图，定员信息及定员成本如表 7－14 所示。

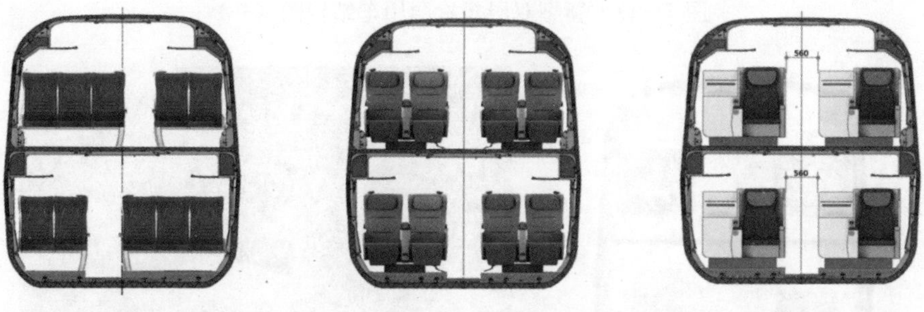

图 7－10　双层二等座车、双层一等座车和双层 VIP 座车截面图

表 7－14　新型双层车定员及成本

	二等座车	一等座车	VIP 座车
单层车定员/人	90	56	24
双层车定员/人	146	82	42
运能增加	66%	46%	70%
定员成本降低	38%	32%	41%

5. 双层餐货/客货两用车

增加餐车底舱货运能力，既弥补了动车货运功能的不足，也增加了快件运输业务的收入。餐货两用车是高速铁路列车与货运动车相结合的代表，在不影响客座收入的情况下，利用剩余运能，增加货运收入。新型可变编组动车组餐货两用车餐厅下层设置货运空间，放置快递、小型集装箱及旅客行李等。需要时，其他拖车下层也可设货仓，其结构如图 7－11 和图 7－12 所示。

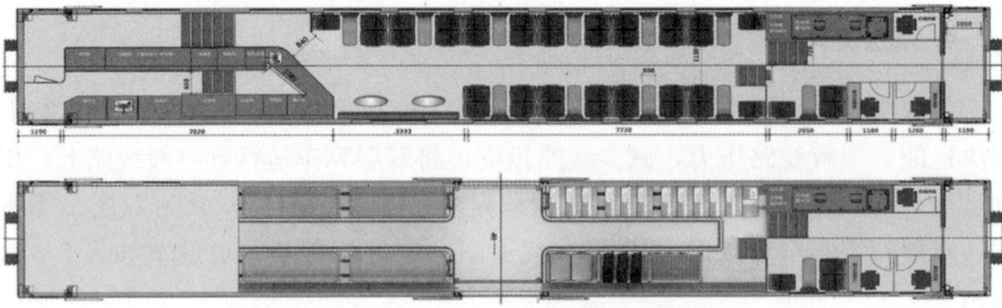

图 7－11　新型双层餐货两用车结构图（一）

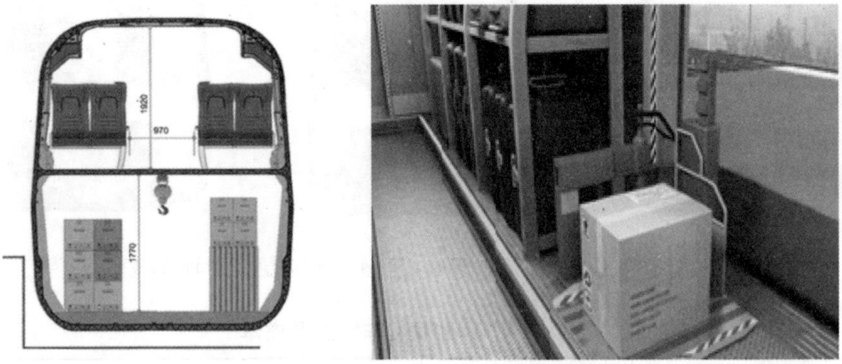

图 7－12　新型双层餐货两用车结构图（二）

新型双层餐货两用车可运输货物 6 t，单列单日收入为 9 万元（按 3 000 km，货运每千克每千公里 5 元），单列全年货运收入约 3 285 万元，现有 2 000 列动车可实现货运收入约 657 亿元。新型双层餐货两用车预期收益如表 7－15 所示。

表 7－15　新型双层餐货两用车预期收益

	原动车组	新型双层餐货两用车增加货运收入	按 60%满载率计算，增加收入
现行 2 000 列动车年货运收入	—	657 亿元	394 亿元
2020 年 3 500 列动车年货运收入	—	1 150 亿元	690 亿元
2025 年 5 000 列动车年货运收入	—	1 643 亿元	986 亿元

6. 可变编组动车组平台

新型可变编组系列动车组工业化平台可按需求编组不同辆数、不同车种的动车组，能缓解“大运能、小客流”和“小运能、大客流”的矛盾，并可满足高、低端需求，提高运输装备利用率；可实现单车、全列两种备用方式，降低备用率，减少运用单位固定资产投入；动车、拖车可以随时解编更换的特性，大大缩短了故障动车的检修时间，整列备用率也大幅降低；可大幅减少动车组高级修修程时间；与现有动车组相比，检修备用率可降低 50%。

7. 人均能耗

与现有同类动车组相比，16 辆编组动车组单、双层混编座车的人均能耗可降低 44.7%；16 辆编组动车组全列卧车，相比既有同类动车组，人均能耗可降低 40%。

综上，本章对新型可变编组动车组及其工业化平台的创新特性进行了阐释。新型可变编组动车组及其工业化平台无论是在车型设计方面还是在经济效益方面，均具有明显的创新优势，这充分体现了新型可变编组动车组实现了技术突破和创新，同时也是我国高端装备制造业积极践行供给侧改革的丰硕成果。

第 8 章
新型可变编组动车组创新发展的实证分析

8.1 我国动车组创新发展的主体

我国动车组的创新发展是基于政府组织主导的“政产研”协同创新，其创新发展的三个主体是政府、企业和以大学为代表的科研机构。

8.1.1 政府

作为中国高端装备制造业的代表，高速铁路从发展之初就呈现出政府主导的特点，具体体现在战略布局、政策支持及资金扶持方面。

在战略布局方面，我国政府出于对提高铁路运能的考虑，在 21 世纪初提出发展高速铁路，并从德国、日本、法国等高速铁路强国引进高速铁路先进技术，填补了国内时速 200 km 和 300 km 的动车组技术空白。在我国铁路部门的组织下，中车青岛四方机车车辆股份有限公司（以下简称青岛四方）、唐车公司和长客股份积极对购入的技术和车型学习攻关，成功研制 CRH1、CRH2、CRH3 及 CRH5 系列动车组列车。值得重视的是，正是因为有我国铁路部门的统一组织，才实现了资源的高效合理配置，避免了过度投资和重复建设。近年来，中国高速铁路技术日臻成熟，中国标准动车组闪亮问世，我国领导人也在外交时宣传中国高速铁路，使得其稳步走出国门，承接海外订单，推动了“一带一路”平台的搭建。

在政策支持方面，《中长期铁路网规划》从“四纵四横”到“八纵八横”，无不彰显了国家发展高速铁路的政策意愿。同时，因我国国情特殊，国有经营使高速铁路具有得天独厚的乘客基础和广阔的市场空间。

在资金扶持方面，21 世纪初，我国发展高速铁路初期政府就斥重金引入高速铁路技术。2008 年全球金融危机爆发，我国政府 4 万亿元刺激方案中有三分之一投给了高速铁路。在 2011 年 4 万亿元刺激方案不再明显后，我国政府依然增大对高速铁路基础设施的投资和建设，大力发展高速铁路。

8.1.2 企业

近年来，我国高速铁路创新发展的斐然成绩离不开企业的主动攻关和研发。青岛四方、唐车等通过与西门子、庞巴迪等公司联合生产，历时 2 年，不仅掌握了时速 200～250 km 的动车组技术，更根据我国实际，研制出适合我国国情的高速列车。在此基础上，高速铁路机车企业砥砺奋进，实现了自主创新，研制出 CRH380 系列动车组。2015 年 6 月 30 日，拥有完全自主知识产权的“复兴号”中国标准动车组下线，标志着我国已全面掌握高速铁路核心技术，实现了高速动车组技术的全面自主化。

近年来，世界知名公司西门子在研制可变编组动车组。2017 年 10 月，唐车公司研发的具有自主知识产权的可变编组动车组下线。可变编组动车组暂名 CRH 新型可变编组动车组，一改往昔动车组固定编组维修难拆编的缺点，不仅能够实现灵活编组，而且能灵活应对客流起伏，实现经济效益的提高。

8.1.3 以大学为代表的科研机构

以高校为主阵地的科研机构是高速铁路创新发展的摇篮，在为我国高速铁路输送科研人才的同时，在成果转化和技术攻关方面也发挥着积极作用。

在人才培养方面，高校及科研机构有着不可比拟的优势。北京交通大学、西南交通大学、中南大学等高校为我国高速铁路装备制造业输送了大量科研人才，如北京交通大学的铁路信号专家钟章队教授、西南交通大学的机车车辆专家沈志云教授等。沈志云教授早在 20 世纪 80 年代就提出了机车动力学“轮轨非线性蠕滑力模型”，即享誉交通界的“沈氏理论”。正是有高校对交通人才的教育和培养，才有后期我国高速铁路研发的一项项斐然成绩。

在成果转化方面，高校的国家重点实验室功不可没。交通领域的高校凭借其深厚的理论积淀，在高速铁路理论探索方面颇有建树，在弓网关系、流固关系和轮轨关系方面皆取得了重要进展。同时，高校的重点实验室拥有一流的试验平台，不仅能够提供试验参数供理论验证，还可将成熟的研究成果推向市场，实现成果转化。

在技术攻关方面，高校的科研力量是推动高速铁路研发的不竭动力。20世纪末，我国就有百余个国家重点实验室，其中西南交通大学牵引动力实验室的沈志云教授及其团队积极参与“八五”攻关，为我国准高速机车车辆研制提供了参数优化方案。同样，中南大学自行设计的高速列车气动特性模型试验，也为我国高速列车的持续创新提供了重要的试验参数。

8.2　我国高铁列车及动车组创新模式与创新能力的关系

高速铁路作为我国高端装备制造业的代表，已经走出国门，成为我国的外交名片。中国高速铁路的技术创新之路是成功的，这主要归因于其独特的技术创新模式及创新能力的不断提升。

8.2.1　不同创新模式与创新能力的匹配

创新是制造业的生命，我国制造业近年来正力图从“中国制造”迈入“中国创造”。然而，不同创新模式匹配着不同的创新能力。

根据全国科学技术大会的分类标准，技术创新模式包括原始创新、集成创新和引进吸收再创新三种。其中，原始创新强调原创性，是新发明和新技术的先导；集成创新是对创新要素资源的优化整合；而引进吸收再创新，则具有渐进性，是在学习的基础上深化理解，进而实现创新。这三种不同的创新模式对创新能力的要求不同，具体如图8-1所示。

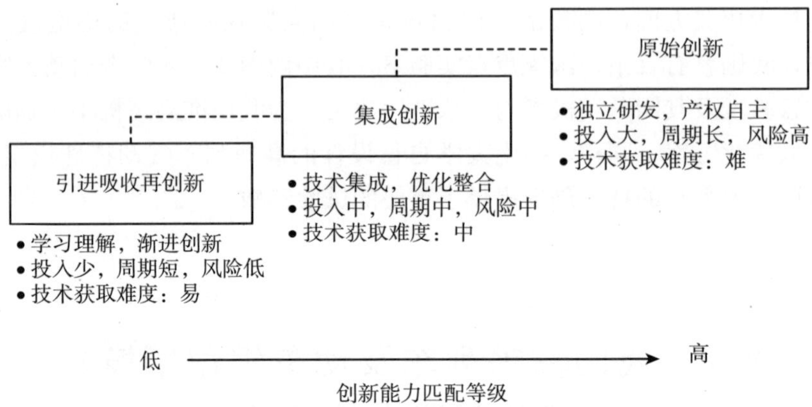

图 8-1　不同创新模式与创新能力的匹配

从图 8-1 可见，不同的创新模式所匹配的创新能力等级不同。具体来讲，引进吸收再创新模式具有渐进性和改良性，其技术获取容易，对创新能力的要求较低；集成创新模式强调对要素资源的优化整合，可以从企业内部挖潜、从外部借力，其技术获取难度为中，对创新能力的要求逐渐提高；原始创新模式强调技术创新的原创性和独立研发性，所研发的技术应为市场先导，其技术难以从外界获取，对创新能力的要求很高。结合我国实际现状，投入小、研发周期短且市场风险小的创新模式能够有效解决铁路运力不足问题。因此，我国高速铁路装备制造业采用引进吸收再创新的模式，并成功付诸实践。

8.2.2　引进吸收再创新各阶段与创新能力的匹配

在我国政府宏观战略的指导下，我国高速铁路在初期首先是引进技术、联合生产，然后逐步完成消化吸收，最后实现自主创新。具体来看，我国高速铁路装备制造业技术创新模式与创新能力的匹配关系如图 8-2 所示。

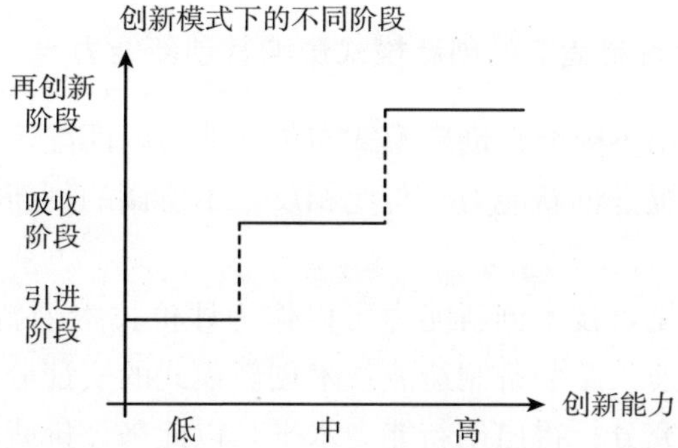

图8－2　我国高速铁路装备制造业技术创新模式与创新能力的匹配关系

图8－2中，横轴代表我国高速铁路装备制造业的技术创新能力，纵轴代表引进吸收再创新模式下的不同阶段。从图中可见，引进阶段的创新能力处于低水平；随着对外来技术学习的渐进完成，创新能力逐步提升，到达对外来技术的消化吸收阶段；在前两个阶段，我国高速铁路装备制造业在技术上形成了量的积累，最后通过技术攻关，政产研结合，最终创新能力实现了质的飞跃，达到再创新阶段，形成自主知识产权成果。

8.2.3　技术创新模式与创新能力的匹配

根据我国实际情况，高速铁路装备制造业发展的技术创新模式与其创新能力是相互促进的。

1. 高速铁路装备制造业的创新能力影响其创新模式

我国高速铁路装备制造业的创新能力对其创新模式的影响体现在两个方面。一是高速铁路装备制造业的创新能力影响其创新模式的选择。不同的创新模式对创新能力的要求不同，应选择与其能力相匹配的创新模式。二是在技术创新模式确定后，高速铁路装备制造业的创新能力影响其创新模式下所处的具体阶段。创新能力的提升，能够推进创新阶段的进行。

2. 高速铁路装备制造业的创新模式影响其创新能力

创新成果的层出不穷源自创新模式与创新能力的匹配，合理可行的创新模式能够有助于企业提升创新能力。与此相反，不协调的创新模式，则会束缚创新能力。

从以上分析可见，技术创新能力可以作为评价技术创新模式的重要依据。因此，针对我国高速铁路装备制造业技术创新模式的实证分析应从创新能力的角度出发，通过研究分析得出创新能力水平，以此来评价我国高速铁路装备制造业的技术创新模式。

8.3 新型可变编组动车组的多维度创新突破

沈志云教授表示，新型可变编组动车组是一个划时代的、全球性的技术突破。相较于国内外既有动车组，新型可变编组动车组在技术创新、经济效益乃至社会效益等方面实现了多维度突破。

8.3.1 经济效益维度

新型可变编组动车组依托集成化、模块化、统一化的设计平台，通过优化生产，节约生产成本10%以上，定员成本较CRH同类动车组下降33%以上。由于新型可变编组动车组能够实现灵活编组，从而可根据线路需求配置动车组，实现快速检修和可替换修，降低备用率的同时缩短了高级修周期，预期将有效提升经济效益。灵活编组对预期经济效益的影响如图8-3所示。

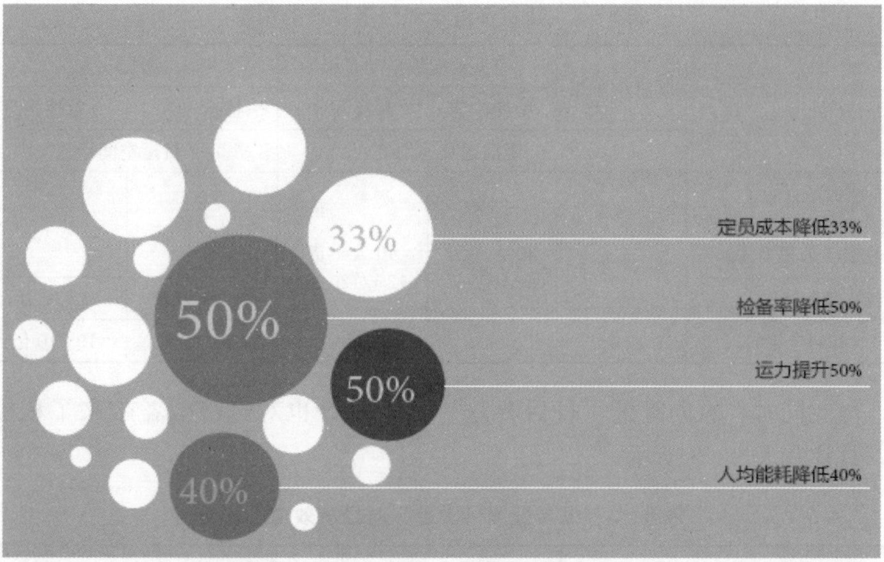

图 8－3　灵活编组对预期经济效益的影响

按照 2020 年末全路 3 800 列动车组计算，采用新型可变编组动车组能够节约运输成本 10%以上，同时能够减少浪费，降低检修备用率 50%，减少采购成本 570 亿元，每年减少折旧费 51.3 亿元，每年减少检修费用 114 亿元，具体如表 8－1 所示。

表 8－1　采用新型可变编组动车组对经济效益的影响

	原方案	可变编组
车组数	3 800 列	3 800 列
备用车	1 140 列（30%）	570 列（15%）
减少采购成本	（按平均每列 1.8 亿元）	1 026 亿元
每年减少折旧费	（按 5%折旧）	51.3 亿元
每年减少检修费用	（按平均每列 2 000 万元）	114 亿元

另外，创新设计的餐货合造车，也能填补高速铁路货运空白，带来经济效益的增加。如果未来有 3 000 列动车组具有装运快件功能，每年将可增加约 1 000亿元的收入。

餐货合造车对经济效益的影响如表 8－2 所示。

表 8－2　餐货合造车对经济效益的影响

	既有动车组	新型可变编组动车组		增加收入	
		替换一节	替换两节	替换一节	替换两节
	最高定员			货运空间增收	
单列单日收入 （按 3 000 km，货运每千克每千公里 5 元）	38 人	40 人＋货 （6 t/60 m^3）	40 人＋货 （12 t/120 m^3）	9 万元	18 万元
单列全年收入				3 285 万元	6 570 万元
3 000 列全年收入				9 855 亿元	19 710 亿元

与此同时，纵向卧铺（硬卧）这一创新设计也对经济效益带来了积极影响，具体如表 8－3 所示。

表 8－3　纵向卧铺（硬卧）对经济效益的影响

	原方案 16 编组	新方案 16 编组	增加
最高定员/人	600	900	300
单列单日收入 （按 5 000 km，0.75 元/km）	225 万元	337.5 万元	112.5 万元
单列全年收入	8.2 亿元	12.3 亿元	4.1 亿元
100 列卧铺全年收入	820 亿元	1 230 亿元	410 亿元
250 列卧铺全年收入	2 050 亿元	3 075 亿元	1 025 亿元

另一创新设计——座卧两用动车组（软卧）也对经济效益带来了积极影响，具体如表 8－4 所示。

表 8－4　座卧两用动车组（软卧）对经济效益的影响

	原方案 16 编组	新方案 16 编组	增加收入 （二等座定员 1 160 人）
	最高定员		
单列单日收入 （按往返各 2 000 km，二等座 0.41 元/km）	585 人	二等座：1 160 人 卧铺：580 人	100 万元
单列全年收入			3.65 亿元
300 列卧铺全年收入			1 095 亿元

除此之外，VIP 车、商务座车的创新设计增加了定员，对经济效益的提升也带来了积极影响，具体如表 8-5 所示。

表 8-5 VIP 车、商务座车对经济效益的影响

	原方案（按编入一节）	VIP 车（按编入一节）	商务座车（按编入一节）
定员/人	24	32	42
单列单日收入（按 1 500 km×2）	1 986×2×24=9.5 万元	1 986×2×32=12.7 万元	1 986×2×42=16.7 万元
单列全年收入	3 467.5 万元	4 635.5 万元	6 089 万元
2 000 列全年收入	693.5 亿元	927.1 亿元	1 217.8 亿元
年增加收入	—	233.6 亿元	524.3 亿元
可打折空间	—	75 折	6 折
实际测算年收入	实际上座率 30%，208 亿元	如果打 75 折，上座率 75%，521 亿元（增收 313 亿元）	如果打 6 折，上座率 85%，584 亿元（增收 376 亿元）

8.3.2 社会效益维度

新型可变编组动车组是新时期供给侧改革的积极举措，这主要体现在其社会效益方面。新型可变编组动车组可以实现超过 1 500 人的运能，有利于应对春运、暑运或京沪高铁等线路出现的庞大客流，也可以只用两个车头编组，开出 VIP 专列。

中国国家铁路集团有限公司总经理杨宇栋在考察唐车公司时评价说，中国可变编组动车组项目中的多功能车头、可坐卧转换软卧车、商务座车、双层车等车型设计思路开阔，特别是餐车与货运结合，在传统动车组基础上取得了很大创新。杨宇栋表示，中国可变编组动车组具有很强的推广性。图 8-4 为制造中的新型可变编组动车组。

图 8－4　制造中的新型可变编组动车组

新型可变编组动车组在车体上创新设计了餐货合造车和全功能厨房，下层货舱有 60 m^3，能运输小型集装箱及快件、行包，填补了高速铁路货运空白，同时也改变了快件运输方式，能最大限度地实现快捷、及时的小批量大周转运输，对科研、医疗及人们的日常生活将产生深远影响。

为了提高服务品质、提升乘客体验，新型可变编组动车组创新设计之一的纵向卧铺（硬卧），能够增加定员 50%，极大地提高了乘客的舒适性、安全性和私密性。根据对京沪 D311、D312 乘客满意度调查的反馈结果，79.4%的乘客感到满意。纵向卧铺（硬卧）效果图如图 8－5 所示。

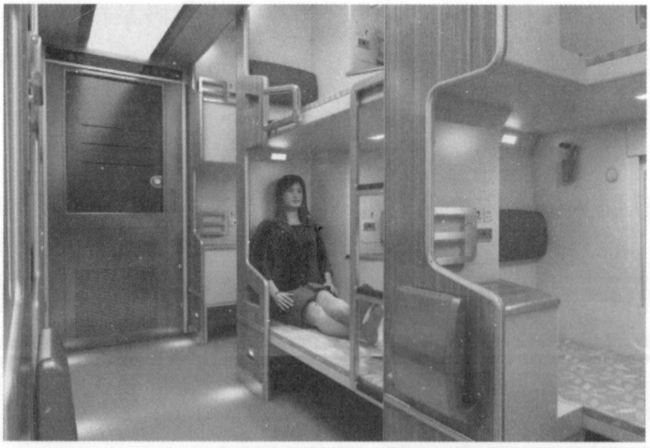

图 8－5　纵向卧铺（硬卧）效果图

除此之外，新型可变编组动车组创新设计了座卧两用动车组，其特点是座卧转换两用，软卧定员 40 人，二等座定员 80 人，在提高利用率的同时，也能够提高乘客的舒适度。

同时，新型可变编组动车组的 VIP 座车、商务座车能够有效增加定员，其中 VIP 座车 32 人，增加 33%；商务座车 42 人，增加 75%。这不仅提高了乘客的舒适性，更提升了乘客的安全性、私密性。VIP 座车、商务座车增加定员情况如图 8－6 所示。

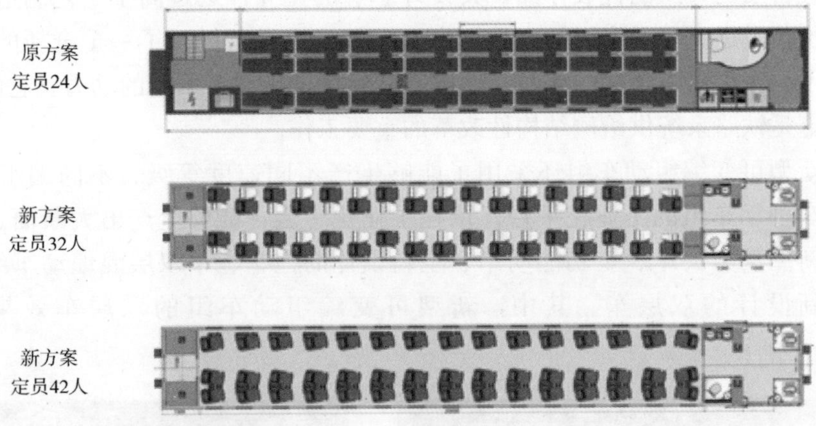

图 8－6　VIP 座车、商务座车增加定员情况

另外，新型可变编组动车组的另一大亮点是采用双层车。双层车的二等座车、一等座车及 VIP 座车在使定员有效增加的同时，也使运能有效增加，同时乘车舒适度也得到了提升。

8.3.3　技术效益维度

新型可变编组动车组汇集众多创新设计，其中可变编组是其中的重大创新理念之一，属国内外首创，设计思路开阔，颇具推广度，在技术效益方面前景卓越。可变编组意味着可以单独抽出故障车进行修理，或者分解后同时在不同车间分别修理头车、动车和拖车，能大幅度降低备用率。这是铁路行业的重要技术突破之一。

新型可变编组如同搭积木，最小编组单元为两节，即两个动力头车相接。如要扩大编组，则根据速度和功率核算出效率最高搭配，在两车头之间加入动车与拖车，动车始终位于列车两端，拖车位于中间。以这样的形式，就可以组成时速 160～350 km、编组数量为 2～16 辆的任何节数的动车组。

中国国家铁路集团有限公司总经理杨宇栋评价：新型可变编组动车组是基于速度为 350 km/h 的中国标准动车组的重大技术创新，是集长编标准动车组和卧铺动车组于一体的完美结合，填补了国家交通运输方式上的空白，是中国铁路装备质的飞跃的代表作品，其设计思想的先导性远远高于工艺制造技术，应用价值远远高于动车组的产品概念。它的投入运营打开了一个全新的市场，打开了一个极富含金量的矿藏，给国家的经济发展注入了新的动力。它的投入运营更是铁路系统供给侧结构性改革的重要工作。

新型可变编组动车组还采用了能够生产不同速度等级、不同编组数量、不同车种动车组的工业化平台。依托工业化平台，能够生产出大断面、低阻力的新型动力头车、全功能动车、全新设计的拖车、单双层混编动车组，以及全新设计的双层车。其中，新型可变编组动车组的双层车效果图如图 8－7 所示。

图 8－7　新型可变编组动车组的双层车效果图

除了能够增加运营收入以外，当繁忙线路的车次饱和时，双层车能够从车辆方案上解决运能问题，减少线路投资。另外，一般线路上，相同的运量，采用双层车能够减少路局车组数量，从而减少固定资产投资。

8.4　我国动车组创新能力的数据采集、测评指标和方法

中国高速铁路装备制造业的技术创新能力是一个复杂的系统，是高速铁路装备技术在市场竞争中，通过有效运用各种创新资源，建立新的技术平台或改变核心技术，取得自主知识产权，使高速铁路装备技术获得持续竞争优势，在技术创新过程中所表现出来的各种能力的有机综合。

8.4.1　数据采集与处理

基于政府、企业、大学及研究院所和混合组织协同创新的数据（2008—2015年）分别来源于：中国铁道统计年鉴、铁道统计公报、铁路技术标准目录、中国中车（中国北车、中国南车）年度报告、高等学校科技统计资料汇编、中国铁路总公司官方网站等渠道。其中，2008—2014年的企业数据主要由中国南车和中国北车相关数据汇总得来，2015年的企业数据来自中国中车。2008—2015年的大学数据主要由北京交通大学、上海交通大学、西南交通大学、西安交通大学四所高校的相关数据汇总而来。2008—2015年混合组织系统数据主要来自中国铁路总公司。

8.4.2　创新能力测评指标

1. 基于三主体的动车组协同创新能力测评指标

在我国的高速铁路装备制造业技术创新体系中，政府、企业、大学及研究院所和混合组织起着不可替代的作用，且它们之间存在一定的相互影响关系。据此，本书选取中国高速铁路装备制造业技术创新体系中的4个子系统（政

府、企业、大学及研究院所、混合组织）作为测评的二级指标，同时本书依照科学性、系统性、可操作性等原则，参考已有研究成果，选取各个子系统内能体现技术创新的相关参数作为三级指标，最终建立中国高速铁路装备制造业技术创新能力的测评指标体系，具体如表8-6所示。

表8-6　中国高速铁路装备制造业技术创新能力的测评指标体系

<table>
<tr><th>一级指标</th><th>二级指标</th><th>三级指标</th></tr>
<tr><td rowspan="16">中国高速铁路装备制造业技术创新能力（S）</td><td rowspan="2">政府技术创新能力（S_1）</td><td>每年发布的高速铁路装备制造业技术标准总量（S_{11}）</td></tr>
<tr><td>高速铁路装备制造专项经费（中央财政拨款）（S_{12}）</td></tr>
<tr><td rowspan="3">企业技术创新能力（S_2）</td><td>高速铁路装备制造研发经费投入（S_{21}）</td></tr>
<tr><td>科研人员总数（S_{22}）</td></tr>
<tr><td>专利申请数（S_{23}）</td></tr>
<tr><td rowspan="5">大学及研究院所技术创新能力（S_3）</td><td>科技活动人员总数（S_{31}）</td></tr>
<tr><td>科技经费支出额（S_{32}）</td></tr>
<tr><td>出版科技著作（S_{33}）</td></tr>
<tr><td>发表学术论文（S_{34}）</td></tr>
<tr><td>每年与高速铁路装备制造相关专利申请数（S_{35}）</td></tr>
<tr><td rowspan="6">混合组织技术创新能力（S_4）</td><td>高速铁路装备科研项目投入金额（S_{41}）</td></tr>
<tr><td>高速铁路装备成果推广投入金额（S_{42}）</td></tr>
<tr><td>高速铁路装备科研立项总数（S_{43}）</td></tr>
<tr><td>高速铁路装备科技成功推广总数（S_{44}）</td></tr>
<tr><td>高速铁路装备专利、著作及论文总数（S_{45}）</td></tr>
<tr><td>每年获得的高速铁路装备科技成果奖励数（S_{46}）</td></tr>
</table>

由表8-6可见，中国的高速铁路装备制造业技术创新能力主要由政府、企业、大学及研究院所、混合组织的协同创新能力来整体反映，四个子系统的创新能力皆对最终的测量对象有所影响。值得注意的是，并不是单个系统的创新能力越强，最终的行业创新能力就越强，而是四者之间的有序度维持在一个

相对稳定的状态时才会使行业创新能力提升。

2. 基于新型可变编组动车组与既有动车组的创新能力对比指标

根据新型可变编组动车组的创新特点，结合动车组常用技术参数及国内外数据可得性情况，从先进性、可靠性、舒适性、经济性、实用性、创新性六大创新能力特征进行对比分析，同时结合牵引动力、编组方式、定员人数、车厢设计、卧铺设计等技术参数进行对比分析。新型可变编组动车组与国内外既有动车组对比思路如图 8-8 所示。

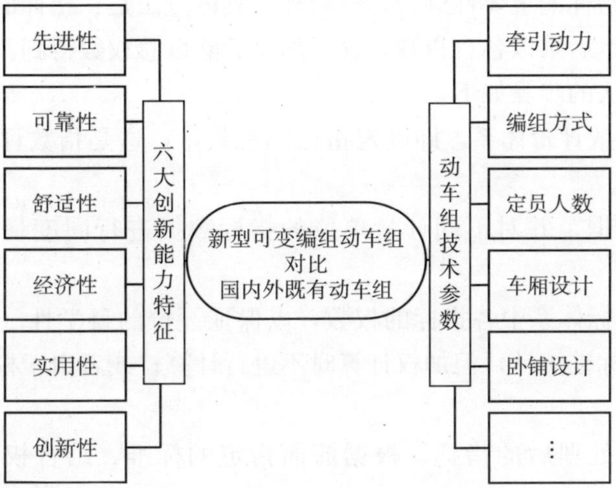

图 8-8 新型可变编组动车组与国内外既有动车组对比思路

8.4.3 创新能力测评方法

我国高铁列车及动车组的创新发展是政府、企业、大学及研究院所的协同创新，故采用复合系统协调度方法测评企业在协同创新体系中的作用。另外，通过与国内外既有动车组多维度指标的对比，测度新型可变编组动车组的创新能力。考虑到传统测评方法还包括指数评价法和因子分析法，下面对指数评价法和因子分析法进行简要阐述。

1. 指数评价法

指数评价法是运用多个指标，多方面地对一个参评单位进行评价的方法。其基本思想是从多方面，选择多个指标，并根据各个指标的不同权重，进行综合评价。指数评价法要遵循科学性原则、导向性原则、综合性原则、可比性原则、可操作性原则，要选择不同的指标，指定不同的标准。指数评价法主要用在经济指数评价、经济效益评价、单位个人效益评价上。评价的指标通常有十几个，甚至几十个之多。在这么多的指标中，并不是对所有指标一视同仁，一般地，要根据指标的重要性进行加权处理。具体方法是：指标的完成值除以指标的标准值，然后乘以各自权数，最后加总后除以总权数得到。

指数评价法的步骤如下。

① 确定指数评价体系，即确定指标的总数量，这是指数评价法的基础和依据。

② 收集数据，并对不同计量单位的指标数据进行同度量处理，确定标准值。

③ 确定指标体系中各指标的权数，以保证评价的科学性（因为有一些情况是：某些指标被统计，但加权计算时不进行计算；或者由于权重过低，仅作为参考数据）。

④ 对经过处理后的指标，根据前面指定的标准，结合权重，进行汇总计算。

⑤ 根据评价指标的变化，总结变化规律，并由此得出结论。

2. 因子分析法

当对同一事物的评价要用到较多指标且各指标均是对同一事物的反映时，不可避免地会造成信息大量重叠，这种信息重叠有时会抹杀事物的真正特征与内在规律。因子分析法正是利用降维的思想，从原始指标相关矩阵内部的依赖关系出发，把一些错综复杂的指标归纳为少数几个主要因子，进而对复杂的经济问题进行分析和解释。因子分析法的优势在于：能消除指标间信息的重叠，并根据指标提供的原始信息生成权重系数，避免人为确定权重的随意性。基于此，本书利用因子分析法对我国高速铁路装备制造业的技术创新能力进行分析和解释。

在因子分析法中，对于所研究的具体问题，原始指标可以分解为两部分之和的形式：一部分是少数几个不可测的公共因子的线性函数；另一部分是与公共因子无关的特殊因子。因子分析模型为

$$\boldsymbol{X} = \boldsymbol{AF} + \boldsymbol{\varepsilon} \tag{8-1}$$

其中，$\boldsymbol{X}$ 为原始变量，$\boldsymbol{F} = (f_1, f_2, \cdots, f_m)^{\mathrm{T}}$，为公共因子，$\boldsymbol{A}$ 是因子载荷矩阵，$\boldsymbol{\varepsilon} = (\varepsilon_1, \varepsilon_2, \cdots, \varepsilon_p)^{\mathrm{T}}$，称为特殊因子，且满足 $f_1, f_2, \cdots, f_m$ 不相关。

虽然按上述方法提取的公共因子是不相关的，但其对原始变量的解释能力往往很弱，不容易解释公共因子的实际含义。这时可以通过旋转变换，得到比较容易解释的公共因子。旋转变换后的公共因子能较好地反映原始变量包含的信息和它们之间的相关性，因此有利于描述研究对象的特征。公共因子可以表示为原始变量的线性组合，即

$$F_j = \beta_{j1}x_1 + \beta_{j2}x_2 + \cdots + \beta_{jp}x_p \ (j = 1, 2, \cdots, m) \tag{8-2}$$

上式计算出来的值称为因子得分。进一步地，可以公共因子的方差贡献率 (W_i) 为权，由各公共因子的线性组合得到综合因子得分 F：

$$F = \sum_{i=1}^{m} W_i F_i \tag{8-3}$$

8.5　新型可变编组动车组创新能力的实证分析

8.5.1　样本的描述性统计

本书利用 SPSS 软件将采集的原始数据按照 Z 标准化方法进行处理，以消除各指标体系量纲方面的差异。各子系统标准化处理后的数据如表 8-7～表 8-10 所示。

表 8－7　政府子系统指标数据标准化值

年　份	发布的高速铁路装备制造业技术标准总量/项	高速铁路装备制造专项经费（中央财政拨款）/百万元
2008	0.113 62	－0.851 86
2009	－0.795 33	1.294 36
2010	0.847 77	1.681 21
2011	0.008 74	0.382 88
2012	－1.599 40	－0.814 77
2013	0.183 54	－0.491 51
2014	－0.445 73	－0.592 20
2015	1.686 80	－0.608 10

表 8－8　企业子系统指标数据标准化值

年　份	高速铁路装备制造研发经费投入/百万元	科研人员总数/人	专利申请数/项
2008	－1.464 07	－1.504 65	－1.429 75
2009	－1.161 02	－1.201 15	－1.295 21
2010	－0.580 15	－0.710 62	－0.507 65
2011	0.149 09	0.250 86	－0.040 52
2012	0.210 8	0.506 57	0.462 1
2013	0.439 8	0.679 11	0.652 69
2014	1.106 51	0.835 65	0.920 82
2015	1.299 04	1.144 23	1.237 52

表 8－9　大学及研究院所子系统指标数据标准化值

年　份	科技活动人员总数/人	科技经费支出额/百万元	出版科技著作/部	发表学术论文/篇	每年与高速铁路装备制造相关专利申请数/项
2008	－1.456 28	－2.020 47	－1.229 9	－1.456 97	－1.479 62
2009	－0.981 21	－0.527 49	1.600 56	1.197 75	－0.961 09
2010	－1.086 17	－0.129 85	－0.106 7	－0.863 59	－0.871 82
2011	0.394 28	0.129 17	0.904 18	0.081 61	－0.055 41
2012	1.018 50	0.126 43	0.275 18	0.875 67	0.581 47
2013	0.571 05	0.763 02	0.454 9	－0.354 45	0.567 42
2014	0.642 86	0.267 79	－0.870 48	－0.651 76	1.130 11
2015	0.896 97	1.391 4	－1.027 73	1.171 74	1.079 94

表8-10 混合组织子系统指标数据标准化值

年份	高速铁路装备科研项目投入金额/百万元	高速铁路装备成果推广投入金额/百万元	高速铁路装备科研立项总数	高速铁路装备科技成功推广总数	高速铁路装备专利、著作、论文总数	每年获得的高速铁路装备科技成果奖励数
2008	−0.649 72	−1.186 63	−0.743 14	1.446 88	−0.959 21	−0.669 34
2009	−1.356 67	−1.070 97	−1.093 95	−1.014 78	−0.810 69	−0.595 98
2010	−1.269 75	−0.483 77	−0.809 60	−1.185 00	0.570 58	−1.191 43
2011	0.016 66	−0.101 20	−0.740 96	−0.595 77	−0.772 73	−0.311 21
2012	0.289 01	−0.448 18	0.037 99	−0.098 20	−0.950 96	−0.725 43
2013	0.758 37	0.637 24	0.771 20	−0.386 27	0.291 68	0.978 92
2014	1.007 54	1.135 47	1.038 11	1.289 75	1.159 72	1.125 63
2015	1.204 56	1.518 04	1.540 35	0.543 40	1.471 62	1.388 83

经过标准化处理的原始数据，消除了量纲上的差异，有利于对高速铁路装备制造业技术创新能力的整体和各子系统进行分析。

接下来，利用SPSS软件，首先计算出高速铁路装备制造业技术创新各子系统的相关系数矩阵，然后通过对相关系数矩阵赋权重值的方式确定各子系统的三级指标权重值。

通过计算，各子系统的相关系数矩阵如下。

$$\text{政府子系统相关系数矩阵}=\begin{bmatrix}1.000 & 0.108\\0.108 & 1.000\end{bmatrix}$$

$$\text{企业子系统相关系数矩阵}=\begin{bmatrix}1.000 & 0.970 & 0.978\\0.970 & 1.000 & 0.984\\0.978 & 0.984 & 1.000\end{bmatrix}$$

$$\begin{matrix}\text{大学及研究院所子}\\\text{系统相关系数矩阵}\end{matrix}=\begin{bmatrix}1.000 & 0.805 & -0.035 & 0.463 & 0.949\\0.805 & 1.000 & 0.070 & 0.533 & 0.845\\-0.035 & 0.070 & 1.000 & 0.474 & -0.194\\0.463 & 0.533 & 0.474 & 1.000 & 0.369\\0.949 & 0.845 & -0.194 & 0.369 & 1.000\end{bmatrix}$$

$$
\text{混合组织子系统相关系数矩阵}=\begin{bmatrix} 1.000 & 0.880 & 0.926 & 0.509 & 0.538 & 0.870 \\ 0.880 & 1.000 & 0.930 & 0.299 & 0.853 & 0.911 \\ 0.926 & 0.930 & 1.000 & 0.474 & 0.767 & 0.911 \\ 0.509 & 0.299 & 0.473 & 1.000 & 0.214 & 0.448 \\ 0.553 & 0.853 & 0.767 & 0.214 & 1.000 & 0.716 \\ 0.870 & 0.911 & 0.911 & 0.448 & 0.716 & 1.000 \end{bmatrix}
$$

经过 SPSS 进行数据处理，根据相关系数矩阵及相关矩阵赋值法可以得出四个子系统的三级指标权重值，具体如表 8－11～表 8－14 所示。

表 8－11　政府子系统三级指标权重值

R_1	R_2
50%	50%

表 8－12　企业子系统三级指标权重值

R_1	R_2	R_3
33.23%	33.34%	33.43%

表 8－13　大学及研究院所子系统三级指标权重值

R_1	R_2	R_3	R_4	R_5
20.74%	19.49%	19.83%	18.01%	21.93%

表 8－14　混合组织子系统三级指标权重值

R_1	R_2	R_3	R_4	R_5	R_6
18.01%	18.81%	19.08%	9.94%	15.70%	18.46%

8.5.2　基于三主体协同创新的实证结果及分析

根据本书选取的复合系统协同度模型的方法，将处理后的标准化数据及利用相关系数矩阵赋值法确定的三级指标的权重值，分别代入式（8－2）中，通过计算，可以得出中国高速铁路装备制造业技术创新四个子系统 2008—2015 年的有序度，以此分析政府、企业、大学及研究院所、混合组织各自的技术创新能力变化情况，具体如表 8 - 15 所示。

表 8 - 15　中国高速铁路装备制造业技术创新体系中各子系统创新能力变化情况

年　份	政府子系统有序度	企业子系统有序度	大学及研究院所子系统有序度	混合组织子系统有序度
2008	0.26	0.01	0.01	0.21
2009	0.55	0.09	0.55	0.07
2010	0.87	0.32	0.31	0.17
2011	0.49	0.59	0.65	0.29
2012	0.01	0.69	0.77	0.32
2013	0.34	0.76	0.69	0.68
2014	0.23	0.90	0.61	0.88
2015	0.55	0.99	0.80	0.97

根据表 8 - 15，可将中国高速铁路装备制造业技术创新体系中各子系统有序度变化情况绘制成折线图，如图 8 - 9 所示。

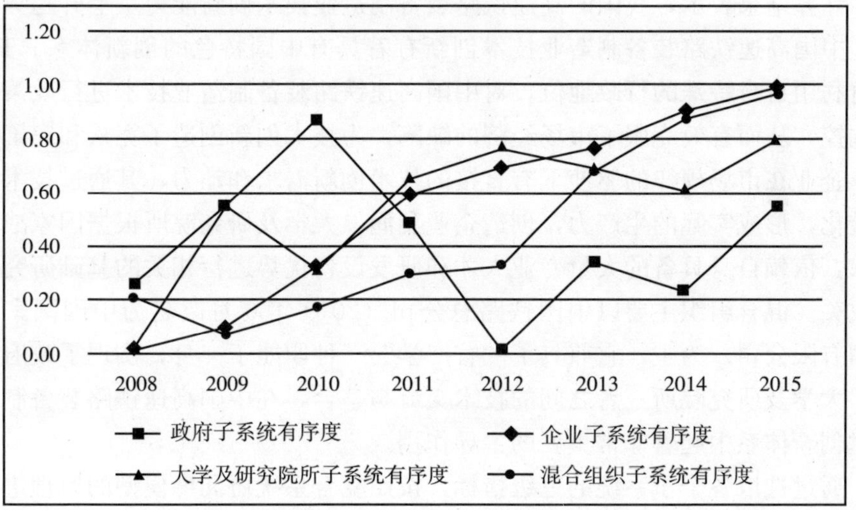

图 8 - 9　中国高速铁路装备制造业技术创新体系中各子系统有序度变化情况

根据复合系统协调度模型描述，最终可以确定复合系统自身的有序度变化情况。本书选取 2008 年的各项指标参数作为参照对象，将四个子系统的有序度代入式（8 - 3）中，通过计算，可以得出 2009—2015 年中国高速铁路装备制造业技术创新能力变化情况，如图 8－10 所示。

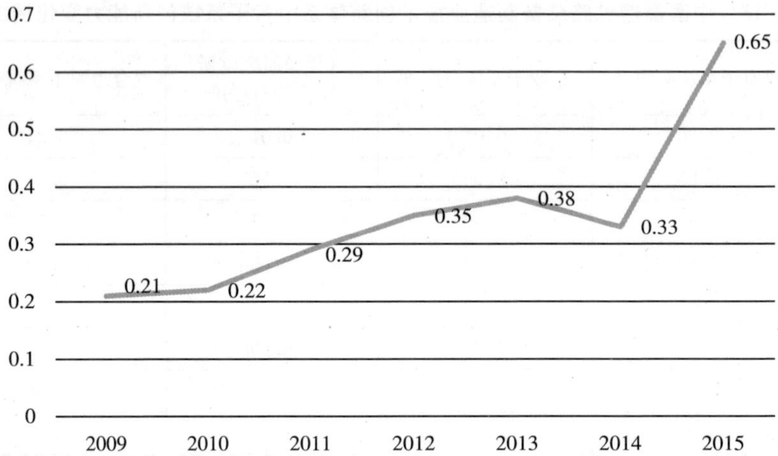

图 8－10　中国高速铁路装备制造业技术创新能力变化情况

计算结果表示，我国的高速铁路装备制造业技术创新能力呈上升趋势。

中国高速铁路装备制造业技术创新有着具有中国特色的创新体系。其中，政府利用自身特殊的行政地位，对中国高速铁路装备制造业技术进行政策的宏观调控，从而有效克服了市场经济的缺陷，为技术创新创造了宽松和完善的环境。企业在市场规律的驱使下有直接的技术创新需求和动力，其通过技术成果的转化，形成实际的生产力，创造企业利润。大学及研究院所根据国家战略的需求，依赖自身具备的大量专业人才和研发设备优势进行相关的基础研究和技术攻关。混合组织主要以中国铁路总公司（2019 年 6 月改名为中国国家铁路集团有限公司）为主，它兼具了“官产学”三种职能于一身，实现了政府、企业、大学及研究院所三者之间的技术交流与整合，在中国高速铁路装备制造业技术创新体系中起着非常重要的主导作用。

通过选取各个子系统的三级指标，按照复合系统协同度模型的原理进行数据处理和运算，我们发现在我国的高速铁路装备制造业技术创新体系内，政府的主导地位逐渐被以中国国家铁路集团有限公司为主的混合组织子系统所取代，企业子系统和大学及研究院所子系统发展成重要中坚力量，其中企业的创新能力更是不断增强。

综上，在四个子系统有序度显著提升的基础上，我国的高速铁路装备制造业技术创新能力也得到了明显提升，逐步实现了引进吸收再创新。由此得以证明，新型可变编组动车组迈入集成创新乃至原始创新阶段。

8.5.3　与既有动车组比对的结果及分析

结合上文对新型可变编组动车组及国内外既有动车组车型的介绍，下面对新型可变编组动车组及国内外既有动车组展开对比分析，对比参数如表 8－16 所示。

表 8－16　新型可变编组动车组与国内外既有动车组的比对分析

	先进性		可靠性		舒适性		经济性		实用性		创新性	
	既有	新型	既有	新型	既有	新型	既有	新型	既有	新型	既有	新型
牵引动力		优		优		优		优		优		优
编组方式		优		优		优		优		优		优
定员人数		优		优		优		优		优		优
卧铺设计		优		优		优		优		优		优
车厢设计		优		优		优		优		优		优
车体方面		优		优		优		优		优		优
⋮		⋮		⋮		⋮		⋮		⋮		⋮

1. 牵引动力

国内外既有动车组在牵引方式上大多是动力分散型。新型可变编组动车组是动力集中的可变编组列车，即动车组的动力配置在列车两端，首尾的第 1、2 和 3 辆车组成动力单元，配备高压系统、变流器、变压器、动轴，首尾的动力单元配置完全相同，可互换，可避免临修造成的全列停运，采用增加备用动力单元的方法，可大幅减少定检修时间，中间 4～10 辆无动力拖车，在日常检修和高级修时可以减少修程时间，降低检修备用率，节省整车购置成本。

2. 编组方式

国内外既有动车组在编组方式上采取固定编组，这在应对客流变化、维修时间、备用车等方面均有劣势。新型可变编组动车组依托工业化平台，创新设计出自动识别可变编组的网络控制系统，能够实现2～16列的灵活编组，从而解决了固定编组的痼疾。

3. 定员人数

国内外既有动车组往往是单层固定编组，定员人数比较固定，难以灵活应对客流起伏变动。新型可变编组动车组创新设计的双层车、纵向卧铺（硬卧）、座卧转化车（软卧）、VIP座车、商务座车等均能在不同程度上有效增加定员。而且，可变编组的灵活编组优势更有助于应对客流起伏。

4. 卧铺设计

国内外既有动车组的卧铺往往是横向的，并且私密性较差，而新型可变编组动车组集长编标准动车组和卧铺动车组于一体，独创的纵向卧铺设计及座卧两用设计，极大地提高了乘客的舒适性、安全性和私密性。

5. 车厢设计

国内外既有动车组往往餐车仅能用餐，不具有运输货物功能，而新型可变编组动车组积极响应供给侧诉求，挖潜运能，设计出双层餐货合造车，下层货舱能够实现小型集装箱及快件、行包运输，填补了高铁列车及动车组的货运空白。

6. 车体方面

国内外既有动车组的车体检修维护往往不在统一工业化平台实现，而新型可变编组动车组采用了大断面、低阻力的新型动力头车设计，同时车体的检修和维护依托于统一工业化平台。该平台能够生产不同编组数量、不同速度等级（160～350 km/h不等）、不同车种的动车组，大大提高了动车组生产、制造、检修和维护的效率。

综上，通过与国内外既有动车组在关键参数方面的对比，可见新型可变编组动车组不仅处于自主创新的原始创新阶段，其多项技术指标是世界首创，处于国际领先地位，而且是供给侧改革的重要举措，具有很高的推广性。

第 9 章
推动高铁列车及动车组创新发展的启示与建议

实现高速铁路创新发展要完善政产研密切合作的技术创新机制。我国高铁列车及动车组的创新发展是在政府主导下政产研协同配合的硕果。新型可变编组动车组这一划时代意义的卓越成果应积极推广，以实现优秀成果的转化，大力助推供给侧改革。

9.1 推动高铁列车及动车组创新发展的启示

9.1.1 服务国家供给侧改革

作为我国高端装备制造业的代表，高铁列车及动车组应该响应国家深化供给侧结构性改革的号召，积极促进“一降两增”，着力提高服务品质和效益，并且降低物流成本。同时，还应该结合三大转变、五大发展理念，在实现创新发展的同时，兼顾效率和协调，进而高效践行供给侧改革。

中国高铁列车及动车组创新发展要认真贯彻落实中央关于供给侧结构性改革的重要部署，深化铁路运输供给侧结构性改革，全面提高铁路服务质量。具体来看，一是优化客运产品结构；二是强化货运产品开发，坚持各种交通方式融合发展，努力降低物流成本，挖潜运能运力，更好地服务经济社会发展；三是提高运输保障能力，提高物流综合服务能力，发挥铁路运输优势，落实对重点物资运力的基本保障；四是实施高速铁路“强基达标、提质增效”，全面打造中国高速铁路品牌，实现高速铁路经济与高速铁路品牌交相辉映，让人民群众有更多的获得感。

未来，高铁列车及动车组创新发展，不仅要缩短在途时间，更要满足人们对出行快捷度、舒适度的高要求，让乘客深刻体会到铁路供给侧结构性改革离百姓生活并不遥远，这就是服务国家供给侧发力应有之义。

9.1.2 提升自主创新的能力

截至 2019 年底，我国实现了 3.5 万 km 的高速铁路运营线路，构建了世界上最庞大的高速铁路网络。与此同时，在高速铁路技术领域我国也已经跻身世界前列——我国标准动车组已经实现核心技术自主化。在中国标准动车组“复兴号”中，中国化标准占比已经达到了 84%。

创新才能开创未来，创新是国家的核心实力，是企业的生命力。坚持原始创新、自主创新是中国高速铁路突破的根本原因。中国标准动车组是指形成中国标准体系的动车组。作为中国最新一代高速列车，中国标准动车组标志着中国已全面掌握高速铁路核心技术，高铁列车及动车组技术实现全面自主化，同时也表明中国具备设计和制造满足世界各国不同需求动车组的能力。

在发展高铁列车及动车组的过程中，我国历经用市场换技术，再到从集成创新迈入原始创新的嬗变，应认识到，着力提升高铁列车及动车组的自主创新能力才是可持续发展的题中之义，才能够推进我国高铁列车及动车组的长足发展，从而保持世界领先地位。新型可变编组动车组的创新研发正是提升我国高铁列车及动车组自主创新能力的标志性突破，是值得推广和发展的中国黄金名片。

9.1.3 满足乘客出行的需求

习近平在十九大报告中指出：“中国特色社会主义进入新时代，我国社会主要矛盾已经转化为人民日益增长的美好生活需要和不平衡不充分的发展之间的矛盾。”“社会主要矛盾转化”预示深刻变革，我国社会主要矛盾发生转化的现实基础是改革开放以来的伟大实践及其丰硕成果。中国特色社会主义创造了中国奇迹，取得了历史性成就，我国经济实力、综合国力大大增强，人民生活显著改善，实现了从温饱向总体小康，由总体小康向即将全面建成小康社会的转变。中国特色社会主义进入新时代，意味着久经磨难的中华民族迎来了从站起来、富起来到强起来的伟大飞跃。

高铁列车及动车组有淡旺季之分，每年“十一黄金周”、春运等运输旺季，往往“一票难求”“一车难求”。基于此，一方面高铁列车及动车组运行部门，应在了解机车性能的基础上，着力提高机车利用率，着力把列车的运能有效发挥出来，实现运能的最大化，同时高铁列车及动车组运行部门要合理安排运行组织和调车计划；另一方面，要诉诸创新，新型可变编组动车组正是通过车体设计、车厢设计、灵活编组等手段，有效应对客流起伏变化，满足乘客需求，提供优质位移服务。

9.2　推动高铁列车及动车组创新发展的建议

新型可变编组动车组是我国完全自主创新的划时代成果，是对世界动车组发展产生重要影响的标杆。基于此，新型可变编组动车组应加快成果转化，加强政产研协作，积极向市场推广。

9.2.1　积极推广，力争世界前列

国内动车组，无论是“和谐号”还是“复兴号”，均是按 8 节或者 16 节车厢固定编组。固定编组无法根据市场情况、旅客人数灵活编排车厢，严重制约了动车组的发展。对此，新型可变编组动车组无疑是一项划时代的突破。

世界范围内，西门子也在研制可变编组动车组。ICE 4 最高时速为 250 km，所有车厢均可作为独立的单元，亦可编组成车厢数量为 5～14 节不等的列车，以满足不同运输任务的需求。ICE 4 由西门子与合作伙伴庞巴迪共同研制，新的驱动理念是列车诸多新特性中至关重要的一点。西门子开发出了一种集合各类驱动技术的自带动力的铁路车辆。一般来说，一辆 12 节编组的 ICE 4 列车需要 6 节动车驱动，而其余 6 节车厢则为拖车。此前，ICE 3 是将 3 节动车合并成一个固定牵引单元。这个新型解决方案的优点是每节车厢都自成一体，单独车厢既可灵活地连挂成列，也能根据需求变化及时做出调整。此外，这项新技术可避免驱动系统故障导致整列高铁列车停车。如果某一动车在

列车行驶途中发生故障，虽然速度会略有下降，但 ICE 4 依然能在其他动车的驱动下继续驶往目的地。

相对而言，新型可变编组动车组毫不逊色，各项性能指标处于世界领先水平。因此，高铁列车及动车组技术创新应积极推广，力争世界前列。

9.2.2 积极安全验收，加快成果转化

技术只有转化为成果才能实现技术的价值，因此加快核心技术创新成果的转化极为重要。在创新发展中，不仅要关注技术的自主创新，在技术创新方面投入资源，而且还要关注技术创新的转化进程，同时也要在技术创新的转化中投入相关资源，实现技术发展的最快转化，凸显技术的应用价值。

从行业角度来讲，要保护知识产权并加快成果转化。我国知识产权保护起步较晚，虽然在法律改革和执行机制上有一些重要举措，但整体上法律法规还不完善，知识产权保护方面的舆论引导力不强，知识产权保护的制度也不甚完善，人们对知识产权保护的意识比较淡薄。因此在高速铁路技术创新发展的过程中要注重保护知识产权。一方面，通过保护知识产权巩固我国高速铁路强国地位；另一方面，通过对知识产权的保护激励技术创新的发展。

基于此，相关部门和组织应该大力加强高速铁路质量的检验及管理，严格把守高速铁路的设计关及施工关，严格把守高速产业产品的进入及认证，在最大程度上使高速产业的技术管理规范化；尊重事物的客观规律，开展更加充分的试验，确保各个技术环节得到实践的印证；严格做好工程的验收，精益求精，以高度的责任感打造优质工程；同时，应该加强高速铁路产业所用设施的安全管理，在最短的时间内使高速铁路的维修机制完善化、规范化；强化高速铁路信号系统的安全控制，保证动车组运营期间的安全性，提升供电安全控制机制，强化线路设备的检测及整治，提升防灾体系的修建及管理。

9.2.3 政产研协同，提升创新能力

我国新型可变编组动车组在研发方面取得了突破性进展，但要在国际市

场上保持领跑地位，还需加强政产研紧密配合，不断提升自主创新能力。

以大学及研究院所为代表的科研机构的人才资源及研究条件得天独厚，可实现政产研研发成果的产业化转化，推动社会生产率提升和实现技术创新溢价，以创新推动中国经济新一轮发展。我国动车组“政产研”协同创新发展模式如图 9－1所示。

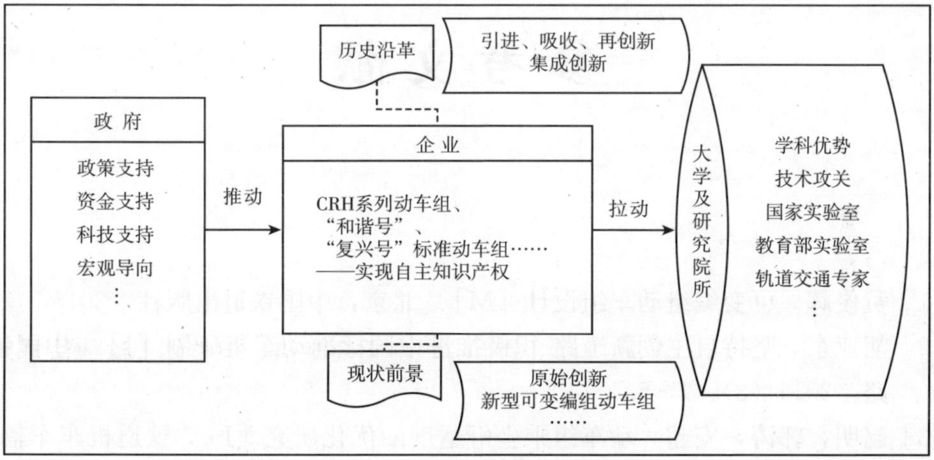

图 9－1　我国动车组“政产研”协同创新发展模式

自主创新是我国高铁列车及动车组实现创新发展的关键要义，要实现自主创新，离不开政府的大力支持和宏观引导。同时，要实现自主创新，离不开科研机构的智力支撑。当然，最终企业主体汇聚多方力量，攻坚克难，实现创新成果。新型可变编组动车组正是政产研紧密结合下的突破性成果。

综上，创新引领未来。新型可变编组动车组凝聚了我国高铁列车及动车组的创新设计精华，是我国高端制造业积极践行供给侧改革的典范，有利于满足人民群众对美好生活的诉求，有利于保持我国动车组处于世界交通运输行业的技术尖端位置，有利于进一步塑造中国铁路品牌形象，助力中国高速铁路“走出去”。因此，应加快推广新型可变编组动车组，实现成果转化，并进一步大力助推我国交通运输领域的供给侧改革。

参考文献

[1] 黄俊辉．可变编组动车组设计［M］．北京：中国铁道出版社，2015.

[2] 胡亚东．坚持自主创新道路 积极推进中国标准动车组研制［J］．中国铁路，2014（8）：1－5.

[3] 赵明，郭涛，安超．动车组乘坐舒适度的优化研究［J］．铁道机车车辆，2016，36（3）：46－50.

[4] 施红生，徐晓梅，郭红梅，等．基于旅客乘坐舒适性需求的高速动车组车内环境技术条件［J］．中国铁道科学，2015，36（3）：100－112.

[5] 谭灿枚，宁新军，吴仲刘．铁道动车乘客等效模型及其舒适度分析［J］．铁道机车与动车，2014（12）：17－19.

[6] 李和平，严霄蕙，曹宏发．动车组旅客舒适度与制动控制［J］．铁道机车车辆，2011，31（5）：111－114.

[7] 朱艳．中国高铁存在的问题及对策［J］．物流科技，2012，35（5）：75－78.

[8] 梁良．中国高铁存在的问题及对策［J］．科技视界，2016（12）：179－180.

[9] 张晓通，陈佳怡．中国高铁“走出去”：成绩、问题与对策［J］．国际经济合作，2014（11）：26－29.

[10] 赵杨．“走出去”是中国高速铁路可持续发展的重要途径［J］．四川职业技术学院学报，2015，25（3）：1－5.

[11] 胡海晨，林汉川，陈廉．中国高铁国际化发展的影响因素与对策［J］．企业经济，2017，36（9）：64－71.

[12] 胡海晨，林汉川，方巍．中国高铁发展：一种创新发展模式的典型案例及启示［J］．管理现代化，2016，36（2）：49－52.

[13] 杨振华，曹光四．中国高铁项目整体出口现状及发展对策［J］．商业经济研究，2015，(34)：133－134.

[14] 路铁军．高铁“走出去”的问题与路径分析［J］．科技进步与对策．2016，33（16）：116－118.

[15] 王晓刚．国外高速铁路建设及发展趋势［J］．建筑机械，2007（5）：30－36＋2.

[16] 林仲洪，杨瑛，田亚明．从京沪高铁看高铁经济的重要作用［J］．铁道经济研究，2017（1）：1－4.

[17] 林晓言，张爱萍，郝亚平．中国高铁技术创新三螺旋理论研究［J］．北京交通大学学报（社会科学版），2017，16（2）：22－33.

[18] 冯灵，余翔．中国高铁破坏性创新路径探析［J］．科研管理，2015，36（10）：77－84.

[19] 李政，任妍．中国高铁产业赶超型自主创新模式与成功因素［J］．社会科学辑刊，2015（2）：85－91.

[20] 李拉．中国高铁为何能实现自主创新［J］．产权导刊，2011（4）：5－7.

[21] 吕忠扬，李文兴．国外高铁建设发展对我国高铁可持续发展的启示［J］．物流技术，2013，32（5）：18－20.

[22] 王春梅．中国高铁装备制造业技术创新模式研究［D］．北京：首都经济贸易大学，2017.

[23] 韩文娟，董晓鹏．国外高速动车组的发展趋势分析［J］．机车车辆工艺，2017（4）：8－10.